FAO中文出版计划项目丛书

进口食品风险管理手册

联合国粮食及农业组织　编著

赵文佳　谭茜园　译

中国农业出版社
联合国粮食及农业组织
2019·北京

FAO中文出版计划项目丛书

译审委员会

主　任　童玉娥

副主任　罗　鸣　蔺惠芳　苑　荣　赵立军
　　　　刘爱芳　孟宪学　聂凤英

编　委　徐　晖　安　全　王　川　王　晶
　　　　傅永东　李巧巧　张夕珺　宋　莉
　　　　郑　君　熊　露

本书译审名单

翻　译　赵文佳　谭茜园
审　校　张　琳　杨婷婷

前　言
FOREWORD

　　2013 年，食品占农产品总出口量的 80％以上，为全球第三大最具价值的大宗商品品类，仅次于燃料和非医药类化学品[1]。包括发展中国家在内，很多国家的进口食品量在其粮食供应中占有重要地位，有些国家几乎完全依赖食品进口来保障粮食安全。在建立食品进口机制的同时，相关国家逐步出台检验举措，保护本国人民的健康并确保贸易活动的公正公平。随着时间的推移，食品进口量不断增加，原产地更加多样，食品生产技术愈加复杂，因此修订食品进口管理办法的需求涌现。单纯依靠传统手段在边境对产品进行随机或系统的检验，已不能有效应对当前的形势。

　　目前，食品管理方式已从基于最终产品检验的反馈模式，转变为基于风险的预防模式，并将整个食品链纳入考量范围。就进口食品而言，特殊挑战在于负责官方管理的主管部门无法直接监督贸易伙伴的生产流程。一些措施如改善贸易关系、加强进口国与出口国主管部门间的对话、推行认证机制以及加强对进口商的监督等，都可提高进口食品管理的有效性。

　　过去 20 年来，国际协议（即世界贸易组织的《动植物卫生检疫措施协议》以及《技术性贸易壁垒协议》）已为管控措施制定了框架，保护消费者健康，保障食品贸易的公平公正。粮农组织与世界卫生组织联合设立的国际食品法典委员会（CAC）参考世界贸易组织的两个协议制定了食品安全和食品国际标准，并为政府基于风险的进口食品管理提出了具体指南，包括 CAC/GL 47—2003 "进

1　世界贸易组织发布的《2014 年国际贸易统计数据》。

口食品管理体系指南"及其他相关文本等[2]。

《国际食品法典》标准、指南及推荐技术标准提供了全面框架，相关国家应根据本国国情、面临的具体挑战和所拥有的资源酌情采取管控措施。然而，许多发展中国家和处于转型期的国家表示，就如何具体实施相关措施还需要更多支持和指导。

应成员提出的要求，粮农组织为基于风险的进口食品管理制定了全球性指南，但是应注意：不存在"放之四海而皆准"的解决方案，每个国家都面临其特有的一系列挑战和机遇。本手册旨在协助主管部门在分析本国具体国情的基础上，制定相应的行动计划。本手册就如何实施法典指南做出了详尽阐释。在尊重国际食品法典委员会原则、指南和目标的同时，相关国家可选择并结合使用若干不同的管控措施，实施整体统一的进口管理举措，最大程度满足国家需求。本手册以多个国家的实施案例为例，表明有多条途径可达成一个共同目标。

本手册重点关注基于风险的计划制定情况，并支持相关国家利用现有资源有针对性地、适当地应对重点风险。贸易和粮食安全状况、机构配置、法律框架、可获得的辅助职能等因素都将被纳入考量。

根据《国际食品法典》文本，本手册重点关注食品的进口管理。粮农组织也认识到饲料安全会对食品安全产生重要影响。注意，本手册中提出的绝大部分进口食品管控措施也可用于饲料管理。

粮农组织通过开展诸多项目来应对食品管理问题，特别是进口食品管理，并积累了大量相关经验，这也使得编写一本实用且普遍适用的指南成为可能。而且，本手册的部分章节分别在加蓬、印度、孟加拉国和约旦进行了试用。

本手册是其他现有粮农组织指南的补充，旨在加强成员基于风险的食品检验体系。

2　网址 www.codexalimentarius.org/committees-and-task-forces/en/？provide＝committeeDetail&idList＝5。

参与人员
PARTICIPANTS

联合国粮食及农业组织（以下称粮农组织）向为本书出版筹划工作提供建议和指导的人们表示感谢。

食品质量安全官员凯瑟琳·贝茜和食品质量安全股股长雷娜塔·克拉克负责总体牵头和协调工作。

粮农组织食品质量部感谢粮农组织顾问、本手册第一作者玛丽·安·格林，以及与我们共同编写了本手册的粮农组织顾问丹尼斯·碧提斯尼施、粮农组织法律办公室法律官员卡门·布隆。

在本手册编写的早期阶段提供结构设计和内容建议的还有：粮农组织顾问，丹尼斯·碧提斯尼施；粮农组织顾问，凯西·卡内瓦尔；粮农组织顾问，佩吉·道格拉斯；来自加拿大的艾莉森·彭森；来自英国的安·利森；来自巴西的马丽亚·爱多瓦达·德·塞拉·莫查朵；粮农组织顾问，力马·祖默特。

2012年3月13～15日，初稿评审会议在意大利罗马粮农组织总部举行，参会人员有：粮农组织顾问，丹尼斯·碧提斯尼施；来自美国的路易斯·卡森；粮农组织顾问，赫莲娜·古利巴丽；加拿大食品检验署，玛丽·安·格林；美国公共卫生署，多米尼克·维尼齐亚诺；荷兰食品与消费者产品安全管理局，杰克·维拉。

本手册的终稿由以下人员进行同行评审：澳大利亚农业研究中心，丹尼斯·碧提斯尼施；南非卫生部食品控制总司，佩妮·坎布尔；巴西农业、畜牧和食品供给部非关税谈判司，格里默·小科斯塔；英国食品标准署进出口政策处，迈克尔·格拉文；欧洲委员会卫生与食品安全总司，帕特丽夏·朗哈默尔、斯蒂芬·柯曾、布鲁诺·赛摩；日本山口大学，丰福肇。

我们还要感谢粮农组织的同事们：协助初期构思的安娜·马丽亚·布鲁诺、图表编辑科妮莉亚·伯施、帮助评审本手册终稿的玛丽·肯尼和沙希·萨林。

粮农组织感谢加拿大在 GCP/GLO/452/CAN 项目中的部分资金支持。

缩 略 语
ACRONYMS

AOAC	国际分析家协会
ASEAN	东南亚国家联盟
CAC	国际食品法典委员会
CCFICS	食品进出口检验及认证系统法典委员会
CS/IT	计算机系统/信息技术
EEA	欧洲经济区
EU	欧洲联盟
FAO	联合国粮食及农业组织
FEFO	先到期，先发出
FIFO	先进，先出
GAP	良好农业规范
GATT	《关税和贸易总协定》，或简称《关贸总协定》
GHP	良好卫生规范
GIP	良好进口规范
GMP	良好生产规范
HACCP	危害分析和关键控制点
ICMSF	国际食品微生物标准委员会
IHR	《国际卫生条例》
ILAC	国际实验室认可合作组织
INFOSAN	国际食品安全管理机构网络
IPPC	《国际植物保护公约》
ISO	国际标准化组织
JECFA	（粮农组织/世界卫生组织）食品添加剂联合专家委员会
JEMRA	（粮农组织/世界卫生组织）微生物风险评估专家联席会议
JMPR	（粮农组织/世界卫生组织）农药残留问题联席会议
MANCP	多年度国家控制计划
OECD/DAC	经济合作与发展组织/发展援助委员会

OIE	世界动物卫生组织
QA	质量保证
QC	质量控制
RASFF	食品和饲料快速预警系统
SOP	标准操作程序
SPS	动植物卫生检疫措施（世界贸易组织协议）
SWOT	强项、弱点、机遇、威胁
TBT	技术性贸易壁垒（世界贸易组织协议）
TRACES	贸易管控专家系统
USFDA	美国食品药品管理局
WHO	世界卫生组织
WTO	世界贸易组织

目 录
CONTENTS

前言 ……………………………………………………………… v

参与人员 …………………………………………………………… vii

缩略语 ……………………………………………………………… viii

手册概述 …………………………………………………………… 1

本手册适用范围和目的 …………………………………………… 1

目标读者 …………………………………………………………… 2

手册使用 …………………………………………………………… 2

国别能力建设 ……………………………………………………… 3

支持工具与指南 1　能力建设和提高评估核查清单 ……………… 5

1　进口食品的管理目标 ………………………………………… 14

　1.1　政策目标 …………………………………………………… 14

　1.2　进口食品管控措施的原则与概念 ……………………… 15

　　1.2.1　适用性 ……………………………………………… 15

　　1.2.2　法律基础与透明度 ………………………………… 16

　　1.2.3　无差别 ……………………………………………… 16

　　1.2.4　明确职责 …………………………………………… 17

　　1.2.5　以风险、科学和证据为基础的决策 ……………… 17

　　1.2.6　国外食品安全体系的认可 ………………………… 18

　1.3　进口食品管控措施的制定与实施 ……………………… 18

　　1.3.1　以风险为基础的框架 ……………………………… 18

　　1.3.2　法律和机构框架 …………………………………… 20

　　1.3.3　辅助职能 …………………………………………… 21

2 进口食品的管理框架 ·· 23

2.1 引言 ·· 23

2.2 进口食品的管控措施 ··· 25

2.2.1 任务和责任 ··· 25

2.2.2 信息要求 ·· 25

2.2.3 进口食品、进口商与出口国简况 ····························· 26

2.2.4 风险分类 ·· 27

2.2.5 信息交流、沟通 ··· 28

2.3 进口食品的风险管理措施 ·· 29

2.3.1 入境前管控措施 ·· 29

2.3.2 边境检查 ·· 32

2.3.3 入境后（国内）控制措施 ··· 41

支持工具与指南 2.1 进口食品、进口商和出口国简况 ············· 43

支持工具与指南 2.2 风险分类 ·· 47

支持工具与指南 2.3 认可协定 ·· 53

支持工具与指南 2.4 文件的确认 ·· 55

支持工具与指南 2.5 良好进口规范 ·· 59

3 进口食品管理的法律和机构框架 ································· 65

3.1 引言 ·· 65

3.2 进口食品管理的法律框架 ·· 65

3.2.1 基本法律概念 ·· 65

3.2.2 技术因素 ·· 69

3.3 进口食品管理的机构框架 ·· 75

3.3.1 协作和信息共享 ·· 75

3.3.2 机构框架 ·· 76

4 进口食品管理的辅助职能 ··· 81

4.1 引言 ·· 81

4.2 集中管理 ·· 82

4.2.1 信息收集、系统分析与规划 ······································ 83

4.2.2 计划制订与维护 ·· 85

4.2.3　计划管理与应对 ……………………………………… 86

4.3　科学支持 …………………………………………………… 86

4.3.1　科学建议 …………………………………………… 86

4.3.2　抽样策略和年度抽样计划 ………………………… 87

4.3.3　实验室 ……………………………………………… 88

4.4　检查支持 …………………………………………………… 91

4.4.1　入境前 ……………………………………………… 91

4.4.2　边境 ………………………………………………… 91

4.4.3　入境后/国境内 …………………………………… 92

4.5　其他辅助职能 ……………………………………………… 93

4.5.1　法律服务支持 ……………………………………… 93

4.5.2　行政支持 …………………………………………… 94

支持工具与指南 4.1　计划 ……………………………………… 98

支持工具与指南 4.2　计划制定——进口商建议与信息 ……… 101

支持工具与指南 4.3　制定标准操作程序 …………………… 103

支持工具与指南 4.4　抽样策略例举 ………………………… 105

支持工具与指南 4.5　检查与抽样程序指南 ………………… 107

支持工具与指南 4.6　工作职责说明与人员分类 …………… 109

支持工具与指南 4.7　培训 …………………………………… 111

词汇表 ……………………………………………………………… 112

手 册 概 述

本手册适用范围和目的

本手册旨在为相关国家在根据自身具体国情制定进口食品管控措施的过程中提供指导，也可用于指导区域或国别层面相关计划和政策的制定。本手册在粮农组织和《国际食品法典》的职责和权限内制定、评估和实施进口食品管控措施，并提供了诸多方案。

▶ 附注　本手册的指导范围不包括世界动物卫生组织和《国际植物保护公约》的相关指南，但本手册指出负责食品安全的主管部门与负责动物卫生和福利或植物保护的其他机构在合作协调中可从中受益。若想了解与动物卫生和动物福利或植物保护相关的内容，请参阅世界动物卫生组织和《国际植物保护公约》植物检疫措施委员会编写的指南。

相关国家应依据自身特殊国情（如经济、社会、法律和政策等）实施进口食品管控措施。为帮助相关国家应对相关挑战，本手册为风险管理方案、法律和机构框架以及辅助职能的制定提供指导。本手册的目的是在相关国家面临能力和资源等限制因素时，仍然能够制定和实施设计精良的进口食品管控措施，同时在改进提升的过程中，在与资源和能力相匹配的情况下制定最佳策略。

本手册包括以下部分：

第1章：进口食品的管理目标。本章对一个关键的法典委员会，即食品进出口检验及认证系统法典委员会（CCFICS）中有关进口食品管理的原则和指南进行了概述，并介绍了这些原则和指南包含的技术和法律知识。

第2章：进口食品的管理框架。本章对不同风险管理措施作了说明，为相关国家依据本国国情制定相应的管理框架或计划提供了方案，并为相关国家政府列举了在各个节点（入境前、边境检查或入境后/国境内）管理进口食品风险时应掌握的信息（如进口商、进口食品、出口国简况或风险类别等）。

第 3 章：进口食品管理的法律和机构框架。本章列出了制定相关法律法规、实施进口食品管控措施时需考虑的基本法律概念，也介绍了主管部门同参与进口食品管理的其他机构开展合作时的模式。

第 4 章：进口食品管理的辅助职能。本章为主管部门在本手册第 2 章、第 3 章中所述法律和机构框架内开展进口食品管理时提供指导和方案，包括集中管理、规划和报告、政策和计划制定、科学指导意见、实验室工作以及检验等主要概念。

目标读者

本手册的主要用途是为负责进口食品管理的主管部门在制定、评估和实施相关措施的过程中提供技术参考，也可供国际机构和有关专家用于检查或协助开展进口食品管理能力建设项目。

本手册不适合作培训材料，但可以作为蓝本，用来量身打造符合国家特定需求的国别培训计划。

手册使用

▶ 节选自《国际食品法典》

持续改进，意味着一个国家的食品管理体系应具备在检查反思和改革中进行学习的能力，并可利用自身机制来评估目标的实现情况。

CAC/GL 82—2013

主管部门在制定或审核其进口食品管控措施时，可以参考本手册中提供的指南。政府部门可能会出于以下原因启动进口食品控制措施的审核：危机爆发（如进口食品的食源性疾病）、进口食品的大批量拒收、新规章的制定、来自行业或消费者的压力以及管理体系的持续改进等。审核范围可能全面涵盖进口食品管控措施（如立法、主管部门、计划和程序、辅助职能等），抑或仅针对其中部分措施。开展审核时，应谨记进口食品管控体系从属于国家食品管理体系，自身不仅要高效运转，还应与国家食品管理体系内其他部分高度契合、保持融通连贯。另外，还可参考《国家食品管理体系原则和指南》（CAC/GL 82—2013），该文件为国家食品管理体系的设计和运作提供了建议。

▶ 节选自《国际食品法典》

如今全球市场上许多食品都源自国外。因此，在国家食品综合管理体系中设计完善的进出口管理体系是十分重要的。

CAC/GL 82—2013

对包括进口食品管控在内的国家食品管理体系进行系统性常规性能力评估，有助于提高主管部门管理进口食品的能力。

▶ 节选自《国际食品法典》
国家食品管理体系应具备持续改进的能力，并具备评估目标能否实现的机制。

CAC/GL 82—2013

对于已具备成熟的进口食品管理体系的国家，以及试图建立或改进相关管控措施的国家，为保障进口食品管理措施的有效实施，应定期进行审查评估。主管部门可使用本手册中提供的指南，在现有基础上确定改进要求、首要任务并开展工作。

▶ 节选自《国际食品法典》
应自始至终采用系统化框架，以鉴别、评价并视情况管理现有、新发和再发隐患相关的食品安全风险。

CAC/GL 82—2013

持续完善管理体系的关键在于对现有的进口食品管控措施的合理性和有效性进行系统性评估。

评估应着重从以下方面开展：

（1）对照国际标准和指南评估现有进口食品管控措施；

（2）评估负责进口食品管控措施的主管部门内部和部门间以及与负责食品出口的有关部门间的合作与协调；

（3）评估风险管理措施的有效性，以保障进口食品满足进口国要求。

国别能力建设

进口食品管控措施系统性评估[3]应根据具体国情以及审查原则量体定制。开展系统性审查，可确保对体系某部分做出修改时，将对其他部分产生的潜在影响考虑在内。若未考虑此类影响可能会忽视对进口食品管控措施产生的负面影响。审查内容可以是进口食品管控措施的某个方面，如发生特殊事件（如食源性疾病）后的检验程序，或某项具体的进口管控措施（如立法、政策或程序），或整个进口食品管理体系。审查方法包括：

（1）当前体系的核查清单（详见支持工具与指南 1）使用半定量定性法评分（具备、部分具备等），给出待改进事项的简略情况。

3　《加强国家食品管理体系：评估能力建设需求指南》（粮农组织，2003）提供了运用不同方法确定能力建设需求的一般性建议。

（2）进行优势、弱势、机会和威胁分析（SWOT），确定改进措施的方案。

（3）其他正规方法，如明确职能，建立成果和绩效评估的统一机制等（如粮农组织/世界卫生组织食品管理体系评估工具，将进口食品管控作为食品管理体系的一个组成部分来开展评估）。

不论选择哪种审查方法，评估结果都应有助于明确目标和工作重点，从而根据具体国情改进国家的进口食品管理体系。尽管确定工作重点不太容易，但有些措施（如食品安全紧急事件的应对程序）始终居于最为紧要的位置。另外，与审查密切相关的措施如新的风险管理政策和法律法规以及检验程序和培训要求等，应与审查并行开展。

一旦确定目标和工作重点，政府在评估后，选择最具成本效益和效率的风险管理方案，从而实施进口食品管控措施，与《国际食品法典》以及本手册中提供的指南保持一致。评估方案的成本和效益可以为决策阶段[4]提供参考依据。

对进口食品管控措施的改进工作，会受到如下因素的影响：

（1）政府支持。当机构职责和权限需进行调整或相关法律需要修改时，政府支持会起到非常重要的作用。

（2）财政资源。政府可提供财政资金来扩充检验员和分析员等工作人员队伍。

如果进口食品的某些问题反复出现，公众会对进口食品失去信心。主管部门则需要通过实施其他风险管理措施予以解决。

▶ 附注

能力的定义："人、组织和社会全面成功管理自身事务的能力。能力建设是释放、加强和维持这种能力的过程。"该定义取自经济合作与发展组织的文件（OECD/DAC），它反映了国际发展领域取得的最大程度的共识。在粮农组织的框架下，能力被细分为技术型和功能型，分别处于不同层面：

（1）个体层面：技能、行为和态度的转变；培训、知识分享和网络拓展是在该层面下加强能力的方式。

（2）组织层面：采取措施改善组织的整体功能和绩效。该层面对组织内的个体如何加强和运用能力有直接影响。

（3）适宜的环境：个体和组织将自身能力转化为行动的情景以及能力建设过程所处环境。适宜的环境包括政治承诺和愿景；政策、法律和经济框架；预算分配和过程；治理和权力结构；激励措施和社会规范。

4　监管影响评估和成本效益工具请见《加强国家食品管理体系：评估能力建设需求的指南》（粮农组织，2003）。

支持工具与指南 1　能力建设和提高评估核查清单

对现有能力进行系统性审查，并由此开展相应的能力建设活动。开展系统性审查可以使用核查清单评估现有管控措施的充分性和适当性。核查清单也可用于检查全部或部分现有进口食品管控措施。

如确定使用核查清单评估现有体系，主管部门首先要明确目标，划定审查范围。由于进口食品管理体系依据国情而定，核查清单必须与之相符。如果一国对实施入境前管控措施不重视，制定入境前行为评估的核查清单就会收效甚微。

下文中我们将本手册各章节出现的问题列成示例清单，供主管部门参考。有效使用核查清单的关键在于收集信息和解决出现的每个问题，同时与主管部门、其他相关政府机构和利益相关方进行协商。

使用核查清单时往往得到的是一个单一的反馈（如是、否、不知道或不适用），应在其后添加解释性标注作为补充，为反馈提供背景信息。

进口食品的管理框架

1　进口食品的管理框架

1.1　框架由政府食品质量安全政策和法律批准，并与其中既定目标保持一致。

1.2　掌握进口食品信息（简况）。

1.3　包括风险分类。

1.4　包括合适的风险管理措施。

1.5　定期审查调整食品风险分类，并将结论和推荐意见应用到风险管理总体政策的定期修订工作中。

2　进口食品的管理计划

2.1　重视进口食品前提条件，即进口商负责确保进口食品符合要求，主管部门负责促进或支持合规性、验证合规性，并就不合规行为采取行动。

2.2　提出适当的信息收集要求，以确保计划的高效有效运行。

2.3　具备进口食品有关事宜的跨部门沟通协调框架。

2.4　具备就进口食品有关事宜（进口管控措施、检验结论、监管、紧急事件、税费）与进口商进行沟通的渠道。

2.5　已与以下各方建立联系：

2.5.1　同属于相同经济联盟的国家（酌情）。

2.5.2　出口国。

2.5.3　区域或国际（国际食品安全管理机构网络、世界卫生组织）食品安全信息和预警网络，交换食品安全紧急事件相关信息。

3　进口商与进口食品简况

3.1　确认进口商信息（如名称、地址、联系信息）。

3.2　确认进口食品信息（如产品类别、来源、说明、进口时间、进口量、产品状况、合规史）。

3.3　确认出口国风险简况（酌情）。

4　基于风险的进口食品管控措施

4.1　进口食品管理计划以风险为基础：

4.1.1　风险分类使用《国际食品法典》的风险分析框架或其他科学循证的风险分类方法，结合具体隐患与风险水平，制定出有针对性的进口食品清单。

4.1.2　制定合适的、以风险为基础的标准，与国际标准（如《国际食品法典》、粮农组织和世界卫生组织的相关标准）或适用的区域标准（如欧盟、澳大利亚新西兰食品标准局）保持一致。

4.1.3　进口食品管控措施（如文字记录、标识、检验、抽样和分析）的基础是进口食品风险分类。

如果有必要，允许根据出口国的风险状况或进口商的管控措施，灵活变更措施的类型、强度和频率。

4.1.4　定期审查、调整风险分类，并将结论和推荐意见应用到风险管理总体政策的定期修订工作中。

5　进口程序

5.1　与其他一个或多个主管部门以及进口商等协商制定。

5.2　不应比国内食品管控措施严格。

5.3　在公开发布的标准操作程序（SOPs）中有说明或相关指导[5]。

5.4　可为接受过培训的检验员等其他官员提供现成资料，了解目的和内容。

5.5　定期召集全体利益相关方开展磋商，对进口程序进行评价和修订。

---

[5]　如进口通知、文件审查、识别和物理（检验、抽样和检测）检查、决策、通知进口商；紧急情况、追索和投诉；数据管理等。

6 风险管理措施

进口食品管理计划根据具体国情，明确适当的风险管理措施。

6.1 入境前管控措施。

出口国国内（如出口国主管部门保证；第三方验证；进口商对外国供应商的管理）。

6.2 边境检查。

6.2.1 不允许违禁食品或配料入境（如可能含有致癌药物的动物源食品）。

6.2.2 对进口食品货物或批次实行强制性预先通知或通知。

6.2.3 文件或证书评估（包括验证、防欺诈等）；电子认证（适用时）。

6.2.4 根据进口食品风险分类进行检验、抽样和检测。

6.2.5 食品准入决策程序（如允许入境、扣押、拒收、销毁）以及沟通程序（如进口国、出口国）。

6.2.6 申诉流程。

6.2.7 信息管理和存档（记录）。

6.3 入境后或国内管控。

6.3.1 是否已掌握进口商以及要求的完整信息（如注册、进口许可或批文）？

6.3.2 是否有以风险为基础的方法，用于评估进口商的业务，并在发生不合规现象时加强检验工作？

6.3.3 监督流程（如对已放行进入市场的产品进行抽样分析）。

6.3.4 必要时暂停或吊销批文或许可证。

7 检验和抽样检测

以风险为基础，结合进口商的业务情况，制定进口食品检验、抽样和检测的目标和频率，即：

7.1 规划：日期、人员、设备、样品。

7.2 实施过程保持一致，统一使用已公布的、详细的书面程序来进行。

7.2.1 检验。

7.2.2 抽样（包括报告）。

7.2.3 运输以及实验室接收。

7.2.4 分析报告的提交。

7.2.5 最终决策。

7.3 检验和抽样表格证书及其他有关产品最终决策的表格。

法律和机构框架

1 法律框架

1.1 指与进口食品管理相关的法律和法规：

1.1.1 是否适用于所有进口食品，以及所有入境点？

1.1.2 是否有清晰明确的目标？如食品是否满足所有监管要求？

1.1.3 是否与国家法律保持一致，且确定了适当的法律等级（处于基本法律和法规之间）？

1.1.4 是否与国家法律以及地方法规保持一致？

1.1.5 是否符合国际协定？包括：

1.1.5.1 以科学为基础的风险管理。

1.1.5.2 可追溯性。

1.1.5.3 无差别国民待遇。

1.1.5.4 透明度和灵活性。

1.2 法规条文是否表述清晰、易于查阅，以及方便主管部门根据科学进展和新发现做出调整，以及更改计划要求？

1.3 适用进口食品的法律法规条文是否界定下列任务和责任？

1.3.1 食品运营商（进口商）。

1.3.1.1 承担确保进口食品满足监管要求的主要责任。

1.3.1.2 必须履行进口商义务（如良好进口规范，外国供应商验证、召回、进口货物通知，获得许可证）。

1.3.2 一个或多个主管部门。

1.3.2.1 指定机构及相应职责。

1.3.2.2 任命官员或向第三方服务提供授权的规则。

1.3.2.3 采取措施（如文件审查、检验）监督合规性，必要时，采取强制措施（如没收、召回）。

1.3.2.4 要求主管部门和其他机构以及食品运营商之间开展信息交流和合作，必要时建立机制。

1.4 法律或监管条文能否赋予机构以下权力？

1.4.1 确定进口食品要求（如食品安全标准、加工要求）。

1.4.2 与国外监管部门签署协定，包括放宽进口食品监管和认证要求。

1.4.3 确定准入要求（如拒绝违禁配料入境，强制性进口通知）。

1.4.4 收集进口商和进口食品的相关信息。

1.4.5 确定流程和程序，包括：

1.4.5.1　税费要求，征收流程。

1.4.5.2　进口食品检验、抽样和分析，包括第三方实验室的使用，必要时还需承认认可程序。

1.4.5.3　决策流程、申诉、罚款和制裁。

2　机构框架

2.1　在进口食品管理工作中发挥作用的主管部门及其他机构是否：

2.1.1　有立法授权？

2.1.2　有明确清晰的职责？

2.2　主管部门是否同以下各方制定必要的协调和信息共享正式协议？

2.2.1　其他所有进口食品管理部门。

2.2.2　其他机构（如海关，动物卫生、植物卫生、公共卫生监测机构）。

2.2.3　私营部门（如进口商、第三方服务提供商）。

2.2.4　国际组织或国际机制（例如，粮农组织/世界卫生组织、国际食品安全管理机构网络）。

2.3　开展的合作和信息交流是否有证可循？

2.4　如果有超国家（区域的）、多国的或地方政府的主管部门或机构，是否：

2.4.1　具有能够促进协调与合作，并确保所有入境点实施情况一致的一体化框架？

2.4.2　存在脱节或重复的现象？

2.4.3　在地方政府之间，或地方和国家主管部门之间存在各自为政或落实情况不一致的现象？

2.5　进口食品主管部门是否参与国内或国际食品标准制定（如《国际食品法典》）？

辅助职能

1　管理支持

进口食品主管部门应纳入中央管理职能，即：

1.1　统一制定、执行、管理风险措施。

1.2　开展系统性分析，编写进口商简况，确定规划和上报程序。

1.3　规划计划，以便评估风险管理措施，进行持续改进。

1.4　落实计划流程，保障进口食品管控（如检验、分析）持续实施。

1.5　确保计划形成文件，并有供检验人员和进口商参考的书面指南。

1.6　具有管理协调和反应机制，确保管理人员与计划执行人员沟通顺畅，及时应对问题，为紧急状况指出适当的解决方向。

1.7　进口食品管理计划应能时时听取科学指导意见，制定以风险为基础的进口食品管控措施并加以实施。

1.7.1　科学指导意见来自国际机构（如国际食品法典委员会、粮农组织）还是其他相关国内机构？

1.7.2　是否可从其他国内机构获取科学指导意见，并通过适当的协定对其任务、责任、资源要求以及预期做出说明？

1.7.3　是否有科学指导意见帮助制定抽检策略以及年度抽检计划？

1.7.4　是否有现成的年度抽检计划文件，明确记录了抽检产品或样品的类别和数量、抽样负责人以及抽样地点（如边境、进口商仓库）等信息，可供检验人员和实验室人员参考？

2　实验室（分析）服务

2.1　进口食品计划应具有获得分析服务的渠道：

2.1.1　国内政府实验室：大学实验室、私营第三方实验室、国际机构或第三方实验室。

2.1.2　是否有从外部实验室获取分析服务的相关机制（即并非主管部门下属的实验室，明确其任务和责任、资源要求和预期）？

2.1.3　是否有现成的具体传送机制（协议），以便由实验室向进口食品管理官员传输分析结果？

2.1.4　是否了解实验室所具备的能力（如检测、方法论）和可信度（如质量控制认可）？

2.1.5　结果报告是否及时？

2.1.6　是否有现成的基础设施？

2.1.7　进口食品管理计划中所使用的实验室是否考虑到一致性、可信度和透明度原则？

2.1.8　进口食品管理计划使用的实验室是否具备充分的质量保证或认可？

3　检查

3.1　进口管控措施要求政府开展监督工作，验证进口食品和进口商满足监管要求。监督工作由谁实施？

3.1.1　政府官员。

3.1.2　第三方服务提供商。

3.1.3　以上两方结合。

4 入境前检查

4.1 是否有包括评估出口国食品安全体系在内的入境前管控措施?

4.2 使用第三方服务提供商评估外国供应商时,是否有明确的资格要求(如进口商的外国供应商验证)?

5 边境检查

5.1 进口食品入境管控措施由谁负责?

5.1.1 边境管理机构。

5.1.2 进口食品管理官员。

5.1.3 进口商、第三方服务提供商。

5.2 检查机构是否有充足的能力按要求实施边境检查?

5.3 边境站点与进口食品管理官员之间,以及进口商与进口食品管理机构之间的信息交流和沟通是否充分?

6 入境后(国内)管控措施

6.1 是否有明确的入境后管控措施(例如检查进口商)?

6.2 国内管控措施由谁负责执行?

6.2.1 政府官员(如国内食品管理官员、地方政府)。

6.2.2 经认可的第三方服务提供商。

7 法律支持

7.1 是否有获得法律咨询的常规渠道:

7.1.1 以便为制定修订规章提供行业或运行指导?

7.1.2 以便在采取法律措施或诉讼中解决不合规问题?

7.1.3 以便在进口商申诉或行政制裁中为官员提供支持?

8 行政支持

行政支持是否包含财政资源管理、采购、制定政策和程序、卫生和安全?

9 财政资源

9.1 进口食品管理计划的资金来自于:

9.1.1 政府财政收入?

9.1.2 直接或非直接向进口商征收的费用?

9.1.3 以上两方的结合?

9.2 是否可清楚识别进口食品管理服务的资源，资源的计划使用与实际使用情况是否有存档记录？

9.2.1 紧急情况下是否可使用特殊资金来源？

9.2.2 是否有进口食品管理税费（酌情）？

9.2.3 包括征收流程在内的相关做法是否经立法授权？

9.2.4 是否与所提供的服务相当？

9.2.5 是否公开发布，方便进口商查阅？

9.2.6 是否定期更新？

9.3 费用征收程序于进口商和官员而言是否清楚透明？

9.4 是否定期开展财务审计、核查费用征收及支出情况？

9.5 是否要求进口商缴纳进口食品担保金？如果有，是否有以下流程？

9.5.1 管理担保金。

9.5.2 食品被允许入境后立即将担保金退还进口商。

9.5.3 使用担保金支付被拒食品的再出口或销毁费用。

9.5.4 审计、公开担保金使用情况。

10 办公地点的选址

10.1 办公地点的选址是否合理，且：

10.1.1 与主要入境点共用办公区域或就近办公？

10.1.2 主办公地点是否靠近主要边境点？

10.1.3 当一名官员负责不止一个入境点时，一个办公室是否能方便管理几个入境点？

10.1.4 中央办公室的地点是否有助于促进与国家级其他机构的沟通协调？

11 实验室

实验室选址是否恰当，以保障样品的有效快速输送，且样品保存完好可用于分析？

12 运输

12.1 是否有充足的运输资源，以便：

12.1.1 检验员往返检验场地？

12.1.2 将抽样设备及样品运送至检验场地，随后运送至实验室？

12.2 是否有运输车辆使用政策？运输期间，对样品的保护措施是什么？

13 采购

13.1 采购政策和程序是否已到位？

13.1.1 关于资本设备购置。

13.1.2 关于一般性耗材。

13.1.3 关于采购的审计和审查，确保资源的合理使用。

13.2 检验和抽样设备是否充分（必要时）？

13.3 是否对设备和物料进行定期维护和更新，且随时可用？

13.4 是否有随时可用的统一工服等其他适当服装[6]，包括护目镜在内？

13.5 是否有管理和维护程序？

14 人力资源

14.1 进口食品管理计划要求相关专业和管理人员应具备实施以风险为基础的进口管控措施的技能：

14.1.1 工作职责说明是否阐明了岗位职责？

14.1.2 是否按工作职责对人员进行分类管理，从而保证人力资源的高效运转？

14.2 是否有组织架构图？员工和外部利益相关方是否能够看到组织架构图？

14.3 职位提名程序是否正规，职能是否明确？

15 人员培训

15.1 是否有现有政策，指明相关培训机会和要求？

15.2 员工是否了解各自的任务和责任，且具备履行岗位职责的技术和能力？

15.3 专家是否符合专业标准？

15.4 员工应有一份根据其学历背景和工作经验量身制定、且满足个人需求的培训计划（限于可用的培训资源内）。

15.5 是否对培训课程进行报告和评估，培训是否影响了员工的绩效？

---

6 即具体到检验组，且有适当标识。

1 进口食品的管理目标

> 政策目标
> 进口食品管控措施的原则与概念
> 进口食品管控措施的制定与实施

1.1 政策目标

▶ 节选自《国际食品法典》

政策制定是政府确定国家食品管理体系目标和目的的过程，并承诺采取一系列措施去实现目标和达到目的。同时，政策还应包括能够识别并且清晰表达的预期结果。政策决策指导后续行动，包括法律法规的制定。

CAC/GL 82—2013

政府根据国情以及所应尽国际义务来制定包括进口食品安全在内的食品安全政策目标。粮农组织鼓励各国制定进口食品安全政策，它可以是一项独立的政策，也可以是食品安全政策的一部分。一般情况下，一个国家的进口食品安全政策为该国确定了目标。一些国家可能更倾向于直接采用《国际食品法典》中列出的原则作为国家政策。随后，主管部门将制定计划，确定风险管理措施并加以实施，实现国家目标。

▶ 节选自《国际食品法典》

应优先保护消费者健康，确保食品贸易的公平性，而不是优先考虑其他经贸因素。

CAC/GL 47—2003

进口食品管控措施的目标与《国际食品法典》指南保持一致，都旨在保护消费者健康、促进公平的食品贸易，同时避免出现不正当的技术贸易壁垒[7]。

---

7 《食品进口管理体系指南》（CAC/GL 47—2003）。

许多国家的法律对政策目标做出了规定，为进口食品管控措施的实施提供了后续的决策指导。

有效地实施进口食品管控措施，意味着要针对风险最高的产品采取最适当的一项（或多项）风险管理措施，因此要权衡监管干预成本（包括行业成本和消费者成本）与实现保护消费者健康和安全这一主要目标的效益。其中的关键是实施以风险为基础的、程序化的进口食品管控措施。《国际食品法典》[8] 中建议的风险识别、评估与管理方法构成了进口食品管控措施的基础。

1.2 进口食品管控措施的原则与概念

本手册中提供的信息与《国际食品法典》相关文件中的原则保持一致，并作出进一步阐述。

▶ 节选自《国际食品法典》

《食品进出口检验与认证原则》（CAC/GL 20—1995）包含以下原则：①目的适用性；②风险评估；③无差别；④效率；⑤协调统一；⑥对等；⑦透明；⑧特殊和差别待遇；⑨控制和检验程序；⑩认证材料的验证。

▶ 节选自《国际食品法典》

《食品进口管理体系指南》（CAC/GL 47—2003）列出了以下特征：①进口食品要求与国产食品要求保持一致；②明确多个主管部门职责；③明确和公开法律和运作程序；④优先保护消费者；⑤出口国主管部门实施的食品管理体系应获得进口国认可；⑥全国实施力度统一；⑦确保进口食品安全级别与国内食品安全级别保持一致。

尽管本章列出了指南中的一系列原则和概念，但是仍希望有关部门参考食品进出口检验及认证系统法典委员会的出版物[9]。

1.2.1 适用性

▶ 节选自《国际食品法典》

目的适用性。检验和认证体系应充分有效地实现预设目标。

CAC/GL 20—1995

与进口食品管理有关的风险管理措施应充分有效且有助于实现目标（如既定的国家目标）。进口食品管理应包含各类风险管理措施。

风险管理措施可能包括边境或入境站点检查（包括文件、身份、实物检

---

8 《政府实施食品安全风险分析的工作原则》（CAC/GL 62—2007）。

9 www.codexalimentarius.org/committees-and-task-forces/en/? provide ＝ committeeDetail&id List＝5。

查）、对出口国食品安全体系的审核、对进口商良好进口程序的评估，确保官方证书的真实性和准确性（如与出口国食品管理部门联系确认）。进口国可以：

（1）根据评估后进口食品的风险以及进口食品、外国供应商或加工商和进口商的合规历史（或不合规历史），对检验、审核以及抽样检测的类型和频率做出相应调整；

（2）根据食源性疾病暴发情况、检验检测中发现的严重不合规行为和国际食品安全警报［如国际食品安全管理机构网络（INFOSAN）的通报信息］对管控措施做出调整。

▶ 附注

国际食品安全管理机构网络是由多个国家食品安全主管部门组成的全球性网络，由粮农组织和世界卫生组织共同管理，该网络的目标是：①促进食品安全事件发生期间快速的信息交流；②分享全球重大食品安全事件的相关信息；③推动相关国家以及各网络间的伙伴合作关系；④帮助相关国家提高应对食品安全紧急事件的能力。

1.2.2　法律基础与透明度

▶ 节选自《国际食品法典》

法律和运行程序明确、透明。

CAC/GL 47—2003

进口食品管控措施应具备清晰的法律基础，相关法律、法规、标准等运行程序透明度高，不仅与国际食品安全标准和指南（如《国际食品法典》）保持一致，而且还应与其他食品相关标准（如世界动物卫生组织的相关标准和《国际植物保护公约》）保持一致。

应编纂出版相关法律、法规和运行程序，以便感兴趣的机构（如进出口食品企业、出口国主管部门）查阅了解。

关于法律基础的详细指南，请见本手册第 3 章。

1.2.3　无差别

▶ 节选自《国际食品法典》

各国应避免任意地、不正当地区别对待风险水平，以防止出现歧视现象或掩饰实际上的贸易限制。

CAC/GL 20—1995

应尽可能地对国产和进口食品实施同等要求。

CAC/GL 47—2003

主管部门应遵守无差别原则。这意味着进口食品的监管要求应尽可能与国产食品保持一致。然而，按照标准对国产和进口食品进行合规评估时，尤其是评估过程控制（如生产措施是否合格）时，两者可能会不尽相同。例如，国产食品企业的过程控制可能会在检验环节进行评估，而进口食品则由出口国主管部门对过程控制提供保证。

根据事实凭据（如合规历史、食品安全协定），对来自两个出口国的类似食品实施两套不同的进口管控措施，不一定构成歧视。如果出口国提供了合规保证，可适当降低针对该进口食品的边境检验要求，若没有保证，对类似食品的边境检验要求会提高。

1.2.4 明确职责

▶ 节选自《国际食品法典》

多个主管部门的职责明确。

CAC/GL 47—2003

1.2.4.1 主管部门

负责进口食品管理的多个主管部门（不论是国家级、地方级或区域级）以及其他机构（如海关、农业、贸易或卫生部门）应明确自身职能和责任。如果主管部门使用第三方提供的进口食品管理服务，所有协议应与食品进出口检验及认证系统法典委员会的官方认可指南保持一致[10]。

1.2.4.2 进口商/食品企业的主要责任

▶ 节选自《国际食品法典》

食品生产经营者对其管理产品的食品安全和合规性负有主要责任。

CAC/GL 82—2013

必须明确规定进口商对进口食品负有主要责任，并履行由此产生的谨慎义务。应在法律条文中明确谨慎义务的内涵，即哪些是进口商可为或不可为之事，如禁止进口不符合生产或加工标准的食品、要求进口商满足相关要求（如实施良好进口规范、强制申请进口许可证等）。

1.2.5 以风险、科学和证据为基础的决策

▶ 节选自《国际食品法典》

主管部门应根据科学信息、事实凭据和风险分析原则在该国食品管理体系内酌情做出决策。

CAC/GL 82—2013

---

[10] 《食品进口和出口检验认证体系的设计、运营、评估和认可指南》（CAC/GL 26—1997）。

进口食品风险主要来自食品本身、来源地（如出口国、出口食品企业）、进口商以及其实施的控制措施。进口食品管理应参照风险评估结果，基于风险的进口食品管理是解决食品安全风险的有效手段。

1.2.6　国外食品安全体系的认可

▶ 节选自《国际食品法典》

出口国主管部门的食品管理体系应获得进口国认可。

CAC/GL 47—2003

进口食品管理应包括对出口国食品安全管理措施的认可，比如认证要求或其他形式的协议（如多双边协议、谅解备忘录或正式对等的协议）。

1.3　进口食品管控措施的制定与实施

国家及其主管部门有责任确保进口食品管制措施的制定和实施均以国际通行原则和指南为基础。有效的进口食品管制措施包括制定计划（见第 2 章），包含主要责任、信息要求和风险管理方案。而计划的实施要求有适当的法律和机构框架（见第 3 章）以及辅助职能（如管理、科学指导意见、检验）（见第 4 章）。关于进口食品管控措施的主要技术和法律概念简介如下。

1.3.1　以风险为基础的框架

应根据具体国情制定计划（做什么）和程序（怎么做）。进口食品管控措施一经制定和实施，即可被视作"进口食品管理框架"（图 1）。不论是在入境前、边境或入境后，都应以最佳风险管理方案为基础，以保障实施效率和效果。

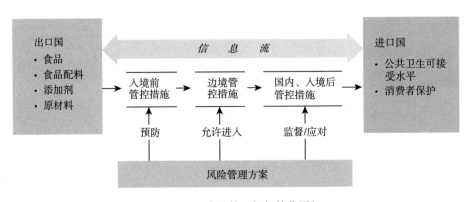

图 1　进口食品管理框架简化图解

　　主管部门不仅需要了解关于进口商、进口食品以及出口国简况，还需要评估进口食品涉及的风险，考虑出口国主管部门、食品出口企业以及进口商实施的控制措施，从而决定采取哪些适当的风险管理措施。进口国与出口国还需在进口食品管控措施实施期间保持沟通。

1.3.1.1　信息要求

▶ 节选自《国际食品法典》

建立贯穿全食品链的有效的数据收集方法十分重要，由此可认清形势（使用全食品链中现有的准确信息）、衡量绩效、连续检查，并改进整个体系。

CAC/GL 82—2013

　　基于风险制定和实施进口食品管控措施，要求主管部门掌握进口食品（何处何时通过何种方式进口何种产品）和进口商的基本情况，包括合规历史、食品用途（如原材料还是成品）。基本情况对制定以风险为基础的进口管控措施十分重要，尤其是食品和其他相关因素的风险（如加工来源控制、运输控制），都会降低或增加进口食品的风险。

　　随着食品贸易日益全球化，许多国家开始进出口原材料和成品，因此，其他主管部门（如一国的或多国的）或国际机构（如国际食品安全管理机构网络）提供的信息也很重要。

1.3.1.2　风险管理措施

　　涉及进口食品的风险管理措施包括检验频率、强度和类型，尽管这些措施可能与国内风险管理措施不尽相同，但目标是一致的，都是要降低风险、提高合规性。

　　如果进口国信任出口国或出口食品企业，可在入境前采取风险管理措施。如果进口国主管部门对进口商实施的控制措施进行评估后，可在边境或入境后（也就是在进口国的国内）采取风险管理措施。

　　（1）入境前。

▶ 节选自《国际食品法典》

相关国家应该签署关于食品进出口检验认证的协议，为进口产品符合进口国要求提供更强有力的保障。

CAC/GL 34—1999

　　制定入境前风险管理措施主要是为了寻求出口国对出口食品安全的保证，通常由出口国主管部门负责。

　　尽管入境前管控措施可以有效确保进口食品符合要求，但有时不适用且不合算（如贸易量小或非正常贸易关系下）。入境前管控措施要求出口国和进口国双方投入资源加以实施，应根据具体国情因地制宜。

一般而言，出口国为食品安全提供保证，保证可以是根据《国际食品法典》指南制定的正式协定，包括官方的信息交流程序（如交换官方证书、交流被拒食品货物的细节和进口决策）。

（2）边境。

▶ 节选自《国际食品法典》

按照食品安全的合规情况，可对检验的类型和频率做出相应调整。

CAC/GL 47—2003

在边境采取风险管理措施是为了评估进口食品的合规性和处理产品的准入问题。边境检查包括进口信息、文件核实、产品检验和检测等内容。按照食品安全的合规情况，调整管控措施的类别。

（3）入境后（国内）。

▶ 节选自《国际食品法典》

控制点：由进口国采取的进口食品管控措施可在……进行；出口国同意的产地；进入目的国时，进行进一步加工；运输，流通，仓储；以及销售（零售或批发）。

CAC/GL 47—2003

进口食品管控措施也可以在进口国领土上（即入境后或在国内）实施，包括制定进口商管理措施（如登记、颁发许可证、签发准许）；要求所有进口商符合良好进口规范并检查其合规性。入境后管控措施还包括在进口商仓库进行产品检验和检测，评估进口商对已流通入市的产品所采取的控制措施，或评估对这些产品的监督监测工作。

1.3.2 法律和机构框架

▶ 节选自《国际食品法典》

法律条文明确透明：

立法的目的是为进口食品管理体系赋予权力和奠定基础。法律框架允许成立（多个）主管部门，制定必要的流程和程序，从而验证进口食品是否符合要求。

CAC/GL 47—2003

全面、明确、有效的法律和机构框架是进口管控措施的基础。进口食品法律框架包括所有的法律文本（如基本立法或二级立法），其中确定进口管理的原则和目标（如保护消费者、促进食品贸易），明确各主管部门和食品企业的责任。

地方政府在所辖区域内颁布的进口食品管理规定也是该法律框架的一部分。显然，地方政府的规定应该是国家法律框架的补充，不应有违背或矛盾之处。

第 3 章列出了相关国家制定法律应考虑的几个方面，包括与国内食品立法保持一致，遵守国际协定和一些关键原则（如透明度、灵活性），以及利益相关方的参与等。第 3 章还提供了一些技术方案，从立法到制定标准等；入境前管控措施需权威机构的参与；边境检查措施；检验，包括第三方服务提供商；合作；进口食品信息共享。该章还包括执法信息以及追诉和上诉信息（如需要）。

▶ 节选自《国际食品法典》

该体系应具备正规沟通途径，对官方的货物处理决定应该有进行申诉和复查的机制和机会。

CAC/GL 47—2003

相关国家可成立适当的主管部门，负责制定、实施、监督和强制执行进口食品管控措施，确保进口食品符合监管要求。若想成功实施这些措施，主管部门和其他机构必须有清晰明确的目标、职能、权力和责任。当有多个主管部门时，还应具备适当的合作和信息交流机制。

每个国家都有其独特的机构框架，与自身国情相适应。相关机构负责进口食品管控措施，也负责边境海关和动植物卫生福利等措施。在某些情况下，深入了解负责进口食品的所有机构，有助于摸清状况，确保各机构间开展适当的合作。

对于已经成立国际或区域、国家或地方主管部门的国家，第 3 章列出了在进口食品管理方面以及和其他机构（如公共卫生监测、海关、标准化机构）开展合作时应考虑的一些事项。当由多家机构履行监管职责时，就进口食品管理进行合作和信息共享达成书面协议非常重要。

1.3.3 辅助职能

有效的辅助职能应服务于进口管理计划，并融入计划。

尽管相关国家需要考虑自身情况，但仍然应该在制订、实施和改善进口食品管控措施的过程中考虑一些主要职能。

辅助职能包括计划制定和落实的集中管理、科学支持、检验以及法律、行政、人力资源等方面的支持。

1.3.3.1 集中管理

进口食品管控措施的集中管理对有效开展措施至关重要，可保障全国落实情况的统一和连贯。集中管理层面负责确定最适用的风险管理措施，设定目标、目的和重点任务。在国家体系内，集中管理为日常信息管理、行政管理和人力资源明确了工作重点，还可确保在信息管理，数据分析（例如规划和报告），风险计划的设计、实施和响应等方面保持一致。

1.3.3.2 科学支持

为了制定和实施以风险为基础的进口食品管控措施，相关国家需要获得科学指导意见，从而明确食品相关风险，确定标准，制定适当的抽样策略和年度抽样计划。科学支持还意味着相关国家有获得分析服务的适当渠道。

许多国家向国际机构（如国际食品法典委员会、粮农组织、世界卫生组织）寻求建议，从而明确风险、设立食品标准、制定抽样策略和计划。

若要对进口食品进行抽样分析，分析服务不可或缺，政府或私营实验室均可提供该项服务。应谨慎考虑实验室的能力和可信度，选择最具成本效益的分析服务，而且实验室应该具备质量保证，确保结果精确度。在某些情况下，相关国家会要求经认可的实验室才能为官方提供分析服务。

1.3.3.3 检验

检验是政府落实对进口商和进口食品的监管责任的关键要求，可由政府官员（如检验员）、第三方服务提供商（如官方认可的组织）或以上两者结合来履行监管职责。此外，应根据进口食品的具体风险来调整检验类型。如果进口国实施入境前管控措施，并由出口国提供保证，这通常是政府对政府的常规工作。但是，外国供应商验证工作可能由第三方服务提供商来完成。

关键要考虑的是，评估所需检验类型以及最有效的检验方式，同时还要考虑法律依据、计划因素和可用的资源。

1.3.3.4 其他支持

科学建议和检验是实施进口食品管控措施的关键因素，但还有其他要素，比如法律支持、财政资源、行政管理和人力资源等。和其他食品管控措施（如国内证书、出口证书）类似，每一项辅助职能下都有一些一般性注意事项。然而，考虑这些事项必须以进口食品管控措施的大局为前提，才能确保有效落实。

2 进口食品的管理框架

> 引言
> 进口食品的管控措施
> 进口食品的风险管理措施
> 支持工具与指南2.1 进口食品、进口商与出口国简况
> 支持工具与指南2.2 风险分类
> 支持工具与指南2.3 认可协定
> 支持工具与指南2.4 文件的确认
> 支持工具与指南2.5 良好进口规范

2.1 引言

在制定和实施进口食品管控措施的过程中，一国通常会制定计划（做什么）和标准运行程序（怎么做），以确保进口食品符合该国监管要求[11]。

依此法制定和实施的进口食品管控措施通常被称为"进口食品管理计划或框架"，其制定和运行应以具体国情为基础，同时考虑进口食品（如类别、产地、流程、消费者用途）涉及的潜在风险以及出口国主管部门（一个或多个）、出口企业或进口商采取的控制措施。

如此一来，便不存在"放之四海而皆准"的解决方案，也没有最低风险管理方案，因为各国都有各自独特的国情，不仅是进口食品管控措施不同，国家政策（如粮食安全、国际贸易政策）也各不相同，这些都将被纳入考量范围。

---

[11] 虽然食品安全要求是本章重点（因为本手册就是从食品安全风险的概念延伸而来），但是其他相关要求也可考虑采用类似方法。

▶ 附注

进口国通常会全部或部分采纳在其他国家行之有效的进口食品管控措施。尽管直接采用成功的计划是看似简单易行的解决方案，但若不评估其优势劣势，也未根据自身国情调整风险管理措施，这些计划也无法取得成功。

尽管如此，若使用一些普通且常见方法，如收集基本信息并利用这些信息对风险进行分类等，主管部门便可选择并实施最恰当的风险管理措施，从而得到条理分明、以风险为基础的进口食品管控体系[12]。

进口食品管控措施框架（图 2）应以风险管理措施的最佳方案为基础，不论是入境前、边境或国内都能取得较好的实施效果。汇总整理进口商、进口食品以及出口国情况介绍，供主管部门参考，主管部门可确定合理的风险管理措施方案。评估进口食品涉及的风险，将出口国主管部门、食品出口企业以及进

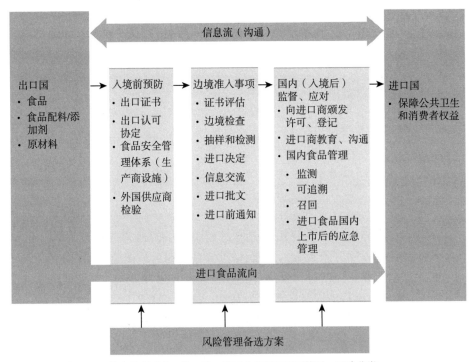

图 2　进口食品管控措施框架，标明关键部分（如出口国简况、
　　　风险分类）和风险管理的备选方案

12　进口食品管控措施的含义是由主管部门（或其代表）采取的确保进口食品安全的相关措施，包括收集信息、进行风险分析或风险分类、设计和实施风险管理措施等。

口商实施的控制措施纳入考虑范畴。进口国与出口国还须在进口食品管控措施实施期间保持沟通。图 2 完整地展示了风险管理措施，可供进口食品[13]主管部门选择使用。

　　本章还列出了图 2 进口食品管控措施框架其他要素的细节。一般而言，相关国家依据具体商品涉及的风险和可获取的资源确定风险管理行动，以保障公共卫生和消费者权益。显然，不是在任何情况、任何时间下对任何进口食品都要使用所有的风险管理行动。

2.2　进口食品的管控措施

　　制定和实施进口食品管控措施要求主管部门充分掌握进口商和进口食品的相关信息、出口国和进口国实施的管控措施尤其是食品的潜在风险，从而准确理解进口商、主管部门及其他机构的作用和责任。

2.2.1　任务和责任

　　制定和实施进口食品管控措施应考虑进口商的责任和主管部门监督职能。

　　（1）进口商[14]确保进口食品符合进口国要求，即他们必须了解食品的安全要求，必须将这些要求传达给外国供应商，必须采取纠正措施防止不合规食品的销售。

　　（2）主管部门负责提高合规率（如传达进口要求、认可他国的食品安全系统），验证合规性（如进口商的责任是否落实），必要时采取强制措施。

　　（3）当食品安全政出多门时，协调合作以减少职能重叠交叉的发生，并减少重复性工作。进口食品管控措施的设计和实施还要考虑其他政府机构的作用和责任，包括海关、植物保护、动物卫生和福利等。关于各机构间详细的合作指南见第 3 章进口食品管理的法律和机构框架。

2.2.2　信息要求

　　进口食品管理系统的设计和实施要求所有参与者都可以随时获得信息：

　　（1）主管部门需要进口商和进口食品的信息，便于制定和实施基于风险的进口食品计划。

　　13　根据《国际食品法典》中的定义，本章所指"食品"包括食品、食品配料、食品添加剂和原材料。

　　14　相关国家法律条文中应明确"进口商"一词的定义并统一口径。在本手册中，该词意指食品企业（如承销商、登记在册的进口商）批发零售进口食品。进口商还可进口用于进一步加工所需的食品和食品配料。

（2）进口商需要了解国家对进口食品的要求，从而使进口的食品符合这些要求。

有效的进口食品管理系统也能为进口商提供相关的宣教信息。主管部门采用的食品卫生和安全标准以及提出的其他监管要求（如检验流程），应便于进口商了解和掌握，以提高进口商落实其责任的能力。

2.2.3　进口食品、进口商与出口国简况

了解并掌握一国进口商和进口食品的简况是一项基本要求。制定和实施有效的风险管理方案要求收集和汇编进口食品、进口商和出口国的相关数据以及相应的进口管控措施。

主管部门应对上述信息开展系统性的审核与评估，更应集中精力确定最合适的风险管理措施。

在审核期间往往会发现信息缺失，这说明有必要不间断地收集补充信息并进行评估，还说明应将信息收集列为优先任务，从而更有效地利用有限的资源。但是，信息缺失并不意味着要排除基于现有信息制定实施的风险管理措施。

支持工具与指南 2.1 为编写进口食品、进口商和出口国简况提供了进一步的指导，还详述了如何利用这些信息设计有效的进口食品管理计划。

进口商、进口食品和出口国简况也可包含以下信息：

2.2.3.1　进口商简况

（1）谁对进口食品负责？如进口商名称、承销人或所有者等，如果以上提及的不是同一个人，则还需他们的地址和联系方式。

（2）完整的合规历史。

2.2.3.2　进口食品简况

（1）进口的是什么食品？如产品类型、简介、大致的数量。

（2）来源，如原产国和供应商、食品出口国和制造厂的食品控制简况。

（3）进口时间或季节，如每年一次、在特定季节或全年。

（4）进口地点和运输方式，如空运、海运或公路运输，拟定入境点等。

（5）装运条件，是直接还是间接进口？如直接从出口国发货到进口国、从出口国运出通过第三国进入进口国、公海出售等。

（6）为什么要进口食品？进口的是用于加工和再出口的配料，还是加工后在国内销售？

（7）合规历史，如产品和进口商合规历史。

2.2.3.3　出口国简况

（1）出口国采取管控措施的依据是什么[15]？

15　除食品安全管控措施外，国家简况还会包括该国的动物卫生和植物病虫害状况。

（2）主管部门的作用和职责是什么？监督范围是什么？

（3）出口国食品的合规历史是什么？

由于新信息和新风险不时出现，进口食品、进口国和出口国简况也应定期更新。为便于主管部门快速高效地更新和检索国家或者企业相关的信息，系统信息的维护显得更加重要。在国家层面，这些信息有助于中央管理层在整体规划、计划管理和支持框架下分析数据。在地方层面，这些信息将促进系统的日常运行并确定进口食品检验任务。

相关国家在制定、维护和实施进口食品管控措施的过程中，可以使用计算机系统、纸质系统或两者组合来管理所需的信息。当国家级信息系统不可用或不好用的情况下，通常会使用纸质系统或计算机和纸质相结合的系统。无论使用何种信息管理系统，关键是确保有合乎需要的信息收集和分析系统以及有效的信息检索系统。

▶ 示例

以欧盟委员会贸易管控专家系统（TRACES）及食品饲料快速预警系统（RASFF）为例，TRACES 允许动物及动物产品相关证书上传至系统并可在线查看，它通过自动通报功能，使得所有主管部门能够时时保持知情。在紧急情况下，TRACES 有助于快速追踪动物和动物产品，从而实现快速的应急反应。RASFF 为成员国主管部门提供了一种以电子方式交流信息的工具，帮助他们迅速采取协调一致的措施应对食品或饲料造成的健康威胁。RASFF 能提供食品和饲料被拒绝入境的信息。当在欧洲联盟（欧盟）和欧洲经济区（EEA）的边境外进行食品和饲料检测时，发现健康风险，货物被拒绝入境。RASFF 同时向所有边境站点进行通报，相关主管部门加强管控，确保被拒绝货物不会通过另一个边境站点重新进入欧盟。

2.2.4 风险分类

制定基于风险的进口食品管控措施应以《国际食品法典》风险分析框架[16]为基础。全面的风险评估是风险分析的科学支柱，但相关国家往往没有完备的信息。鉴于对所有进口食品和安全隐患进行正规风险评估难度较大，因此制定、实施和运行进口食品管理计划的出发点通常是风险分类。

风险分类是一种循证分析，主管部门使用基于风险的方法对进口食品管理进行风险管理决策。

---

[16] 《国际食品法典》认为风险分析应包含三个要素：风险评估、风险管理和风险交流（参见《食品法典程序手册》，风险分析工作原则），通常鼓励各国使用国际组织（粮农组织/世界卫生组织）的风险评估机构，如食品添加剂联合专家委员会、微生物风险评估专家联席会议、农药残留问题联席会议、特设专家咨询机构）或区域/国家机构（若有）正规风险评估中提供的信息，其他信息可从国家相关机构编制的风险简况中获得。

支持工具与指南 2.2 详述了如何在进口食品管理框架下制定和使用风险分类。从进口商和进口食品简况中收集到的信息是风险分类的关键。

风险分类流程如下：

第一，关注与食品相关的风险即产品特征，通常包括微生物生长情况、毒素的存在或形成以及消费者的使用等。产品特征还包括食品加工类型。

第二，考虑可能降低或影响产品风险的其他因素，如制造商、出口国或进口商实施的管控措施，也叫管控特性。另外，还要考虑与农药或兽药残留以及与添加剂有关的风险。

通过以上两个步骤进行风险分类，可被视为产品风险的函数和由出口国、制造商或进口商所采取的管控措施的反函数。利用风险分类，主管部门可以集中精力关注高风险食品的进口。

进口食品、进口国和出口国简况以及风险分类是合理有效开展风险管理的基本依据。以下是关于风险管理的更多信息。

2.2.5 信息交流、沟通

制定和实施进口食品管控措施包含进口食品的信息交流。除了与出口国进行信息交流外，主管部门还可以与其他国内主管部门和机构以及国际组织（如粮农组织、世界卫生组织、国际食品安全管理机构网络）进行日常信息交流，这为食品安全危机发生时快速交换信息，及分享常规和新发食品安全问题相关数据提供了重要平台。各方不仅应在产品被拒或发生食品安全紧急情况[17]时交换信息，还应在"常规"情形下保持信息交流。建立沟通机制，以便进口国酌情寻求更多信息，如关于产品或生产者的信息。

随着各国食品系统从原料贸易到产品包装和加工等领域的互联互通日益加深，信息交流和沟通变得越来越重要。但是，实施基于风险的进口食品管控措施，包括信息共享机制在内，不应给贸易国的主管部门造成不必要的负担，或导致不正当的贸易限制。

当进口食品来自多个国家时，合作和沟通的水平和程度通常会存在差异，若食品贸易规模很大，这种差异通常也会更大，出现频率更高。

一国内如果有多个主管部门（如国家层面和地方层面），食品安全管控措施可谓包罗万象，因此需要加强沟通和信息交流，以确保无缝连接、减少职责重叠和重复工作。

不论在国际还是在国内合作中，确定和保持关键联系人（如姓名、职务、

---

17 见《国际食品法典》文本：《食品安全紧急情况下的信息交流原则和指南》（CAC/GL 19—1995）和《拒绝进口食品入境的信息交流指南》（CAC/GL 25—1997）。

地址、电话号码、传真号码、电子邮件）及交换信息的书面流程非常重要。

如果确定和保持关键联系人确有困难，主管部门应考虑使用《国际食品法典》中的联络点或国际食品安全管理机构网络的紧急联系人作为联系人。指定使馆人员或主管部门的某个办公室（非个人）作为联络点也是一个解决方案。

支持工具与指南 2.3 为制定正式协定提供了进一步的指导。

2.3　进口食品的风险管理措施

进口国无法获得从种植户、加工厂到出口商、进口商和零售商的整个食品链的信息，因此进口食品管控措施与国内食品安全计划所需的管控措施不同。然而，两者的目标是相同的，那就是减少进口食品带来的风险，并提高对进口食品的合规率。针对不同国家，进口国的监管和风险管理措施可能会有所不同。如果有证据表明，某国食品安全管控不够全面，那么来自该国的产品将受到更严格的监督。

根据管理措施实施的地点可将其分为以下几类（图 2）：

（1）入境前，通常用于管理进口前与食品有关的风险，并在进口前由出口国主管部门或进口商对进口食品进行管理。

（2）边境，通常由计划监督，在食品到达入境点或其他适当地点（如监管仓库）时验证进口管控有效且决定货物是否可以入境。

（3）入境后，通常称为国内控制措施，指对进口商控制措施的评估或对获批入境的食品进行监督。这些措施将进口食品管控与国内食品管控（本手册未涉及）相结合，并在发现进口食品问题时，采取综合应对措施。

在实施风险管理措施时，相关国家应考虑以下内容：①与风险相称的成本，因为成本会影响政府、进口食品行业和消费者；②避免将进口食品管控措施用作歧视性或贸易限制做法。

如果进口商和出口国能够知晓进口要求（如书面文件），主管部门的风险管理措施也能得以顺利实施。进口商了解并掌握了这些公开透明的进口要求后，就可以向其供应商提出要求，而且也便于出口国主管部门了解具体情况。

2.3.1　入境前管控措施

入境前管控措施的目的是确保出口国采取管控措施（如食品生产、加工和出口）来保证食品安全。大多数进口国要求出口国的主管部门提供保证。此外，还可要求进口商或经认证的第三方合作机构提供保证。

主管部门通过进口食品、进口商和出口国简况确定入境前管控措施是否合适，以及应对哪些食品采取管控措施。

2.3.1.1 出口国主管部门的保证

出口国主管部门的保证是最常见的入境前管控措施。有了这种保证，进口国不仅可以充分利用出口国食品管理系统，还能减少边境或国内管控措施所需资源。

▶ 附注

有效发挥入境前管控措施应考虑的因素：

(1) 了解进口商及其进口情况；

(2) 了解和掌握出口国的食品管控系统；

(3) 有效的边境管控措施。

高风险食品的管控保证尤其重要，因为保证这类食品安全的唯一途径是对初级生产、采收和加工过程实施严格监督管理。出口国主管部门要保证其生产的食品符合进口国的要求。保持信息交流和沟通能够让进口国对出口国持续实施管控措施有信心。

▶ 示例

例如，欧盟明确了出口国主管部门要遵守的关键标准。出口国主管部门为了提供保证，必须自证合规能力。欧盟设立了食品和兽医办公室，负责审核出口国主管部门的资质，并提供咨询服务。在这种制度下，进口国主管部门通常不需要进口批文或许可证。

一般而言，在一国与其贸易伙伴签订的正式协议中，该国向贸易伙伴表示提供食品质量安全保证。《国际食品法典》[18] 为签订协议制定了指南和注意事项。协议涉及如下内容：①建立专业知识和信息的合作交流机制，确定联系人和流程，以便出口国和进口国的主管部门能够就食品安全和质量检验结果相互沟通；②根据出口国的认证证书，为减少或消除进口国重复管控措施（如检验或实验室分析）制定特定程序；③进口国对出口国主管部门能力的认可，即出口国主管部门能保证其出口食品的生产条件达标。

在某些情况下，贸易伙伴可以先加强合作和信息交流，发展双边或多边关系。这些多双边关系以及由此开展的相互援助是未来认可出口国管控措施保证能力的基石。如上所述，支持工具与指南 2.3 为制定正式协定提供了进一步指导。

（1）什么时候应该考虑？虽然出口国和进口国之间签订双边协定可促进贸

---

18 《制定食品进出口检验和认证系统等效协议指南》（CAC/GL 34—1999）和《与食品检验和认证系统相关的卫生措施等效性判断指南》（CAC/GL 53—2003）。

易和加强进口食品管控，但需要双方投入时间和资源，尤其是要编写和复核必要的文件材料，进行国内评估或审核以及就协议开展谈判等。

以下因素用于衡量为入境前管控措施投入时间和资源是否具有成本效益。可对风险进行分类，从而确定协议的优先事项。

①进口规模。多数情况下，两国贸易量小或没有进行贸易的可能，签订正式协定的成本会过高。

②食品风险类别。应优先考虑高风险食品，最好在出口国境内对其隐患加以管控。

③出口国简况。包括其食品管理系统，如食品合规历史，与其他国家的协定以及可用的第三方审核。

④出口国主管部门数量。政出多门使评估更加复杂，难以完成。

（2）双边途径和多边途径。两国之间存在重大贸易的情况下，进口国和出口国之间双边协定意义重大。但是，如果有重要的区域合作，应考虑多边协定（即3个或更多国家之间）。由于各国食品安全体系各不相同，磋商谈判会更加复杂，但是从长远来看，多边协定将减少资源投入。一旦签订多边协议，成员国可以共享多个进口食品管控机制下的合规情况，且能共同开展出口国系统评价。

2.3.1.2 第三方验证

由第三方负责保证进口食品符合法规要求，确保食品的合规性，越来越受大型零售商和进口商的欢迎。零售商和进口商之所以寻求第三方来保证合规，是因为不合规的代价太大。第三方服务提供商可对产品批次进行检验、审核和抽样，或为外国加工商提供食品安全控制措施的信息。

作为边境检查的补充（甚至是替代），一些国家与第三方服务提供商签订了合同协议，装运前系统检查所有批次。有些国家则可能将第三方服务提供商工作人员作为边境官员，从事产品检验和收取税费等工作。

在这种情况下，主管部门可以考虑是否以及如何聘用第三方服务提供商来实施进口食品管控措施，是作为政府管理工作的一个部分，还是仅限于对进口商的要求。

如果将服务提供商纳入入境前进口食品管控措施，则应考虑其是否经过认可，并对照客观标准评估服务提供商及其合规情况，尤其要评估提供商的能力、独立性和公正性，应该定期评估这些服务提供商的业绩。

此外，需要认真评估第三方的使用成本，确保以最佳资源利用率来实现食品安全。

2.3.1.3 进口商完成的控制措施

入境前管控措施包括要求食品进口商评估其供应商和进口食品（如外国供

应商验证、食品安全管理方案），由进口商保证食品安全。

要求进口商完成的控制措施主要在入境前实施。由于要求进口商完成的控制措施会增加进口食品的成本，并可能阻碍一些公司的出口业务，因此最严格的控制措施应用于风险最高的食品。关键要求包括：

（1）进口商应留存供应商名单及其联系信息：

每个供应商，包括集运商和分销商（酌情处理）的公司名称、地址、电话号码、电子邮件地址、联系人姓名和所供产品。

（2）进口商可以用以下方法来确定合适的供应商：

①根据食品安全要求制定合同、采购协议或其他明细。

②要求供应商提供食品安全体系详细信息的书面材料，如危害分析和关键控制点（HACCP）、外国供应商验证或食品安全方案。

③寻求供应商在国外食品安全系统内合法运营的保证。

④根据规定的流程，由主管部门或其他适当的第三方机构对产品的来源进行验证或认证。

⑤由进口商聘用的有资质的技术人员对外国供应商的生产场所、工艺和食品安全体系进行审核。

⑥抽样和检测或加强管理，如抽样、实验室检测、第三方审查等。

2.3.1.4　入境前管控措施的认同

如果进口食品管理计划包括上述入境前管控措施，则进口国需要建立识别机制，在入境时确认已施控的食品，通常的做法是查看认证证书。认证证书一般由出口国主管部门或经过认可（授权）的第三方颁发。

可用于官方认证的方法很多，尤其是在双方达成协议中，举例如下：①确定经出口国认证的、符合要求的加工厂（通常被确定为监管情况良好的工厂）；②对某产品批次或某工厂多个批次的产品使用出口证书，通常用于高风险食品；③一个或多个食品批次的出口证书可以是纸质证书或电子证书，证书形式和格式通常由出口国和进口国协商决定，且符合《国际食品法典》指南的要求[19]。

2.3.2　边境检查

边境检查为进口国监管、监督和验证进口食品以及出口国和进口商措施的落实情况提供了机会。边境检查最基本的目的是确定产品的准入性。边境检查，特别是产品检验，可用于验证其他管控措施的效力（如入境前，进口商、第三方或出口国政府采取的措施）。在实施边境检查时，主管部门及其代理方

19　参考CAC/GL 38—2001。

应有明确的法定权力来采取相关措施。

▶ 附注

（1）成功实施边境检查应考虑的因素；

（2）对进口商实施主要进口管控措施；

（3）边境检查能力强大；

（4）检验员和实验室能力。

边境检查可包括：①禁止或限制特殊类别食物的进入；②进口食品货物或批次的强制性预先通知或通知；③预清关，特别是易腐食品；④文件检查以验证进口产品，包括产品标识的确认和认证材料的验证；⑤检验进口食品，检查运输条件，可能要对食品进行抽样分析；⑥对不可接受的进口产品不予入境，或予以销毁处理。

主管部门应使用进口商提供的信息、进口食品简况和风险分类（见支持工具与指南 2.1 和 2.2）来确定边境管控措施，包括监管水平。这些信息将有助于在边境或进口控制点确定检验类型和频率。

因为透明度可以提高合规性，进口商和出口商应随时可以查阅了解监管要求和边境检查程序。此外，还应明确违禁食品清单、对文件的要求（如舱单、提单、证书）以及每批食品或含多个食品批次的集装箱是否需要预先通知或通知。

不管文件要求如何，必须根据法律规定，对进口食品按批次进行以风险为基础的食品安全检查、抽样、分析和决策，而不是对整个船运集装箱的货物采取以上措施。

应该指出的是，对于特殊食品隐患，如果在实践中很少或没有相应的消除措施，国家可禁止进口任何可疑食品。这种情况一般涉及可能含有违禁化合物（如兽药）的食品。

在边境确定进口食品准入与否要遵循几个步骤，从进口食品通知到最终决定是否准入需要有明确的决策流程。确定准入与否涉及对入境前（如外国食品管理系统的评估）或入境后（如进口商许可证）管控步骤的认同和决策，还包括检验工作，涉及的程序如下：

（1）证书和其他进口文件的审查，评估关联性、准确性和有效性。

（2）检查整批货物的一般状况（例如，若是冷冻产品，集装箱表面是否有水渍？如果有，可能食品已解冻。纸箱是否有污渍？如果有，可能有漏水情况或被水浸渍）。

（3）查验并交叉对照检查，验证进口食品附带文件信息是否准确，这个步骤通常称为身份核查。

（4）对产品进行感官评估。

（5）根据抽样计划进行随机抽样，包括实验室分析。

（6）仅针对风险级别最高的食品进行强制性逐批检验检测。

统一开展检验工作并作出决定对进口食品管理很重要。如果在不同入境点，进口食品入境方式不同，检验人员的操作看起来有差异的话，就会影响管理计划的公信力。管理计划的设计和标准操作程序（SOPs）是确保统一的重要环节。及时决策也很重要，应制定相关操作程序尽可能减少入境点的不当延误。

但是，操作程序还应考虑到进口食品管理官员的经验。如果官员发现了违规问题，他们应该能够实施适当的边境管控措施。

2.3.2.1 进口食品的预先通知或通知

为提高边检工作效率，确保工作成效，进口商必须将进口食品批次的信息，预先通知或通知主管部门，以供审查。能够预先通知进口产品为佳，因为主管部门可以对每批次食品进行评估，查看是否有需要检验的高风险食品，对于不可接受的货物，则提出不予放行的建议。

进口通知在货物抵达时或进口后 48 小时内上报为宜，产品将被储存在进口商指定仓库来完成查验。风险较低的产品通常在国内进行管控（即产品进入流通环节后）。

在过境检查中，非常重要的是食品安全官员如何检查进口食品。如果进口文件能够统一（如都使用证书），则可以提高信息审查的效率。因此鼓励相关国家尽可能根据《国际食品法典》指南[20]建立标准化的文件体系。

边境检查要求每批货物、集装箱或批次的准确信息，如：①产品说明；②产品数量；③生产商；④原产国，包括食品是通过第三国转运，还是过境途中售出并另发他国；⑤食品进入该国后的存放地点；⑥向边境部门申报的进口商名称、地址和电话号码；⑦进口商的许可证号码，这是强制性要求；如有，还需提供上报进口通知的进口商代理（例如经纪公司）的名称、地址和电话号码。

2.3.2.2 进口食品通过第三国转运

许多食品在一国生产并直接出口到特定目的地（进口国），但也有其他情况。有些国家的出口量可能不足以进行直接装运，进口商也可以先从一国进口食品，然后再将食品出口到邻国。

（1）过境。运往目的国的食品可能途经他国，如运往俄罗斯的产品途经欧盟成员国，但没有进入欧盟。过境国可以制定具体要求，包括过境证书。由于过境国既不进口也不销售这些食品，因此相关要求和证书通常与动物卫生或植

---

20 《通用官方证书的设计、制作、发行和使用指南》（CAC/GL 38—2001）。

物保护有关。

（2）转运。食品可以转运，即合法进口到一个国家，在该国储存，然后运往并出口到第三国。转运时，食品应在适当条件下储存，不进行加工。

（3）合并运输。集运商（通常有多个货源）可将食品进口到一个国家，并明确表示，一旦货物量（如产品、类型、数量）满足第三国进口商的订单需求，就将食品再出口到第三国[21]。

应在进口前向进口管理官员提供此类货物的详细信息，说明该产品是否仅通过第三国过境、是否转运或是否合并货物的一部分。进口商应该能够确定产品的来源、装运信息和储存条件。为确保产品符合进口国要求，进口商应采取相关措施，并能提供守规信息。

若某国由于所处位置、贸易模式、市场规模，或因其国内的进口商在多个国家开展业务，因而有大量的过境、转运或食品合并运输，则该国应对此类食品做出具体要求，比如风险管理，对进口商提高要求（如外国供应商验证），或加强边境查验等。就转运或合并货物而言，出口国的保证通常仅限于储存和运输条件。因此，具体要求还应包括来自原产国的保证或认证（如加工条件）。因为转运产品可能并不是为满足进口国的具体要求而生产的，特别是当进口产品要分销到多个国家时，有些时候会出现问题。

2.3.2.3　文件审查

主管部门接到进口通知后，下一步就是检查文件（参见支持工具与指南2.4）。进口商有责任提供清晰、准确和易读的文件。

▶ 附注

官方文件可能包括：

（1）采购订单，包括需要的详细说明材料。

（2）提单、舱单。

（3）授权进口事宜的进口批文、许可或其他按要求提供的文件。

（4）官方证书（如有要求）。

食品安全官员应审查进口商提供的官方文件，如果文件不完整，须告知进口商。没有适当官方文件的进口批次可能会被扣留，待进口商补充材料后做出处理，或者可能被视为非法进口而拒绝入境。

应为进口商提供明确指导，补充缺失的相关文件（如时间表），且须说明"临时"信息将不予考虑，以便及时做出是否接受该批次产品的最后决定。

---

[21]　过境、转运或合并运输的食品与被拒绝并退回的产品不同。退回被拒产品必须符合退货的法律要求。

　　这意味着如果在指定的时间内没有为某批次产品提供适当文件,可能会被拒绝入境或被退回(如退回出口国)。

　　图 3 是文件审查和批次查验的系统方法图示,列出了许多关键考虑因素和逻辑步骤。首先是关于文件质量和内容等简单基本问题的答案,然后是可能需要官方验证的问题(如经批准的加工厂有哪些)。支持工具与指南 2.4(文件审查)中有更多详细信息。通常,应在进口前或某批次货物停放在入境口岸期

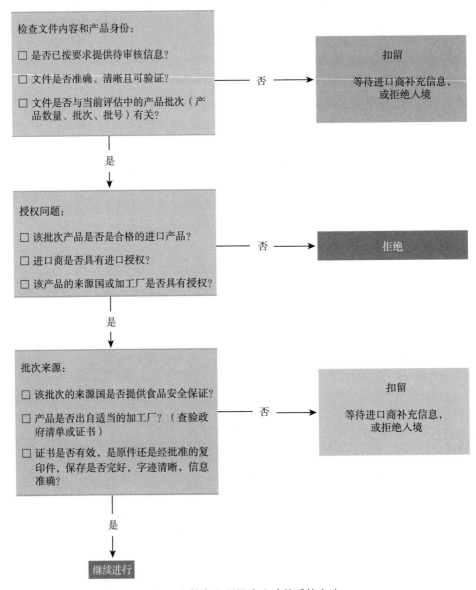

图 3　文件审查和批次查验的系统方法

间完成文件审查。但是，一旦考虑采取进一步行动，进口商可能会接到指示，将货物转移到指定地点（例如，监管仓库）接受检验。

2.3.2.4 决定是否进行检验

完成文件审查后，应决定是否要对该批次的货物进行检验。通常决定是否检验应根据风险分类以及相关标准，如进口国要求的产品合规性。制定明确的检验时间表，并保持检验工作的整齐划一，可以减少进口商的担心和焦虑情绪。检验工作可由主管部门来执行，但在法律允许的情况下，也可由经批准的服务提供商来执行。决定检验与否不能率性而为，而应遵循既定的决策过程，并记录检验强度、类型和频率等信息。

通常，进口食品管控措施在下述情况中要求对产品进行检验：①产品来源等历史信息极少或没有；②曾经出现过不合规的情况；③有查验文件准确性的需要；④需要根据预先制定的抽样计划监督进口产品。

另一个关键考虑因素是具备进行实物检查的适当场所。全面检查进口货物十分重要。若货物采用集装箱运输，这就意味着要"拆装"，也称为卸货，或者是将集装箱腾空。如不能在边境完成拆装，则应考虑设立用于产品检验的进口仓库（即指定地点）。如果不进行实物检查，食品可能会被藏匿于集装箱中非法进口，从而食品检验员和海关官员就无从检查食品情况。

在这种情况下，可通过两个步骤决定是否接受货物入境：①海关审查（如税费、关税、文件审查）；②食品安全和质量，决定是否接受货物入境。

只有在完成两个步骤，并取得满意的结果时，才可清关。

图 4 总结了决定检验或发还进口商的主要步骤。

2.3.2.5 检验要求

如果已决定检验进口货物，应与进口商沟通这一决定。

（1）该批次货物可以有条件放行，并转移到其他储存设施中（如监管仓库、进口商的仓库），以确保在检验过程中有适宜的储存条件。

（2）在大多数情况下，在检验结果出来之前，该批次货物将被扣留在仓库中。

进口食品的检验、抽样和检测的类型和频率应以风险为基础并明确记录（如年检、抽样和检测计划）。对于合规性未知或合规历史较差的产品，可以增加检验和抽样频率。在某些情况下，每批货物（即100%）可能都需要接受检验或抽样，才能确定为合规产品。另外，合规历史较差的食品可暂时扣留，待进口商进一步提供合规证明材料。

主管部门应制定检验和抽样计划，并形成文件，明确检验和分析的数量和程序，还应明确抽样由谁负责（如政府检验员、第三方服务提供商、进口商、经认证的实验室），需要进行哪几项检测，以及如何传达抽样和检测结果。

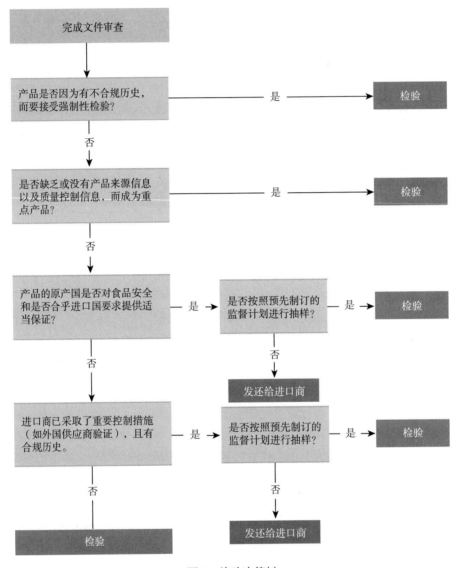

图 4　检验决策树

▶ 附注

应以《国际食品法典》中关于抽样的通用准则（CAC/GL 50—2004）为指导开展抽样工作，实现进口国食品安全目标，或参照其他国际公认的抽样计划，如国际食品微生物规范委员会（ICMFS）、国际标准化组织（ISO）、分析化学家协会（AOAC）等。此外，应使用国际上经验证的标准化分析方法或国际规范中经验证的方法来对食品进行检测。《国际食品法典》推荐的分析和抽样方法（CODEX STAN 234—1999）提供了指导。

有了检验和抽样结果后，就可以对食品批次做出决定。

（1）如果进口食品符合进口国的要求，可以放行。

（2）如果产品不符合要求且仍处于扣留状态，则应继续扣留这些产品。

（3）如果产品不符合要求，而且产品入境流通后才知晓结果，则应根据食品的风险情况进行产品召回，或采取其他适当的风险管理措施。

在决定接受或拒收货物前，应仔细考虑检验结果和实验室分析结果。应制定明确的决策规则，使得所有进口商都可以查阅并了解相关信息。规则中还要包括其他程序，如正式告知结果，以及提供申诉的机会。

2.3.2.6 行政申诉

主管部门应为行政申诉提供明确和透明的程序，在可能的情况下，为不合规的货物提供处理方案，即可转运或销毁这些货物。本手册第3章进口食品管理的法律和机构框架就申诉做出了进一步指导。

行政申诉：

（1）让进口商有机会与官员讨论准入决定，可能的话，可以提供更多信息来说明情况。

（2）明确主管部门可以重新考虑的证据标准。如分析结果表明存在病原体或有毒物质，鉴于这些物质的非均匀分布，之后的分析不能否定最初结果。

（3）明确申诉的时间范围。

2.3.2.7 关于不合规产品的决定

一旦确定进口产品违反进口国的要求，应立即通知进口商。此外，应向出口国提供有关被拒绝批次产品的信息[22]。这些信息应与《国际食品法典》规定保持一致，除非进口国和出口国另做具体要求（如双方已签订协议）。

此外，主管部门应根据国际协议（如国际食品安全管理机构网络、国际卫生条例），视情况决定是否向相关国际机构报告这些信息。

对于不合规产品，可按违规情况做出不同处理。主管部门应与进口商沟通，说明该批次产品的储存条件（如监管仓库）和处理决定的时间期限。

处理决定包括：

（1）可能的情况下，使产品合规（如果违反的是标签规定，并且更换标签即可合规）。另外，根据传播给动物的风险以及储存和流通期间的产品质量控制水平，也可以将产品作为动物饲料进口。

（2）若情况无法改善，进口商可以：

①将产品退还供应商，特别是当产品仍然是出口商（供应商）的财产时。

②如果条件允许，可以再出口。但是再出口时，应考虑告知贸易伙伴此前

---

[22] 《拒绝进口食品的信息交流指南》（CAC/GL 25—1997）。

的检验结果。

（3）如果存在严重的健康风险[23]，应考虑要求销毁该批次的产品。

应按法律要求决定是否将被拒的批次退回供应商。例如，许多国家要求主管部门出具再出口证书，以便将拒收的肉类产品退回原产国。

如果决定销毁被拒食品，应尽快处理，不可延误。销毁处理时，应考虑以下事宜：

①确保食品销毁得当，杀灭所有病原体，使产品不可食用，从而最大限度地减少食品被移作他用或遭窃的可能性。

②保护工人免受安全隐患伤害（如处理腐败变质的食物时）。

③尽量减少对环境的影响，包括降低对野生动物的风险。

进口食品管控措施应包含进口食品的销毁处理，需要解决的问题包括不同种类食品（如贸易量、潜在污染）的销毁方案以及销毁过程中的环境问题。制定条理完整的策略需要进口食品管理部门和其他相关政府机构之间的合作，商定销毁方法、场所以及必要的设备和设施，通常还需要酌情与负责环保工作的国家和地方政府等部门进行磋商。如果在国境交界地带销毁食品，还需要与邻国协商。另外，还应考虑所需资源以及费用承担情况（如是否应由进口商承担等）。

2.3.2.8　产品被拒后的工作

将不合规情况录入进口管理计划信息系统十分重要，可为日后决策提供依据。

收到拒绝入境的通知后，出口国主管部门应采取适当的纠正措施以确保产品合规。对于微生物或化学污染这类只能在源头防治的情况，这一点尤其重要。

进口国主管部门也可以对之后的批次加强管控。如果某批次未通过检验，那么同一供应商的后续批次都将被暂时扣留并进行逐批查验。主管部门也会加大抽样检测的力度，也有可能会要求出口国主管部门提供信息。如果被拒产品显示出系统性问题，可能会对来自相同国家和地区的其他供应商提高检查力度和频率。

进口商也应加强对同源进口产品的管理，如提高检查力度或频率，要求供应商提供信息和加强合作，或到出口工厂进行实地考察。进口产品不符合标签要求（如语言、通用名称、成分、尺寸、说明或声明）的情况时有发生。由于错误标签的频繁出现，进口前审批标签可有助于减少不合规的情况。预先审批要求出口商或进口商于进口前向进口国主管部门提交进口食品的标签，查看标

23　《国际食品贸易道德守则》（CAC/RCP 20—1979）。

签是否符合所有要求。但是，需谨慎对待任何预先审批标签的请求，防止出现变相非关税壁垒，防止官员被当作行业顾问提供建议。应考虑由第三方进行标签审查，或者收取一定费用，平衡标签审查工作的成本。制定和发布清晰的要求是进口前标签审查取得成功的关键。

2.3.3　入境后（国内）控制措施

在进口国国内也可以开展进口食品管控工作。例如，对进口商实施的管控措施，如评估进口商系统、仓库条件和运输工具等就属于该类别。另外，还包括对具体进口食品的实际管控措施，不论是仍存放于进口商仓库内的产品，还是已在国内市场流通的产品。

2.3.3.1　编制进口商简况

了解进口商的简况是制定管控措施的基础，下文将作进一步解释。内容从基本信息（即谁在进口）到对批文或许可证的要求（有或没有附加条件）：

（1）进口商的基本身份信息：公司名称、实际地址、联系信息（电子邮件、电话、联系人），进口食品储存地点（如果与公司地址不同）。

（2）制定对进口商的基本要求：如符合良好进口规范。

（3）进口高风险食品要求进口商持有进口批文：要求所有进口商申请批文，并遵守批文中列出的条件。

（4）仅允许持许可证的进口商进口产品：无许可不得进口；制定许可证持有要求和吊销流程。

需先考虑信息管理系统的工作成效和进口商的能力水平，再决定哪类管控措施最为合适。主管部门掌握的信息增多，进口食品管控措施不断改善，都会使得进口信息管理系统逐步得到完善和提高。与此同时，应为进口商留出适当时间，调整进口流程，符合最新的要求。

例如，如果信息管理系统采用纸张进行记录，则维护和使用信息的能力十分有限，可能只能收集到进口产品和进口商的基本信息。随着系统性能的不断革新（如电子文档、数据库的引入），收集、维护和使用信息的能力也将随之提高。

入境后管控措施的关键之一是收集和更新进口商名单。这些信息是制定基于风险的管理系统的基础。进口商名单收集制作完毕后，可用于以下用途：

（1）收集数据，用于风险系统的设计和维护。

（2）向进口商科普食品不仅仅是"商品"的理念，明确必须符合的国家要求。

（3）与已知进口商保持沟通（如告知出口国出现的问题）。

（4）制定监督计划，验证进口商是否符合国家要求。

应分析进口商和进口食品简况，以确定最合适的控制措施，比如：

（1）要求进口商有适当的储存条件和卫生措施。

（2）要求保留有关进口食品的文件和信息，以供审查。

（3）要求提供高风险食品的进口批文，进口商在考虑进口高风险食品时必须向主管部门申请批文。主管部门由此可同进口商讨论高风险食品的隐患、到港储存并保证食品安全等关键事宜。若有可能，还可设定条件。

（4）实施进口商许可制度，只有获得许可的进口商才有资格进口食品。许可证内容包括良好进口规范、外国供应商验证等条件。

如果进口商要求已到位的情况下（如满足申领许可证条件），则还需要评估进口商的合规性。对进口商进行评估的频率和强度通常与其进口食品的风险和进口商的合规性相关，包括：

（1）检查进口商所有进口食品的合规历史。如果检查结果显示进口食品合规性不足，则须加强监督，如：

①评估进口商采取的措施，以确定进口过程中各项操作是否适当，或是否有必要说明情况或教育引导；

②加大进口食品检验的频率和强度，直至合规性得到提高；

③暂停或吊销进口许可证或批文。

（2）审查进口商对良好进口规范的执行情况（参见支持工具与指南2.5），比如：

①确保出口商能够按照进口国要求以保障食品合规性的程序；

②检查用于储存食品的仓库，审查文件（如食品规格、进口来源数据、投诉情况记录和召回食品的能力）；

③对进口商的检查频率要以风险为基础，因为大多数进口食品管理计划资源有限，无法频繁检查进口商的场所及其控制措施；

④在某些情况下，可将仓库检查纳入国内食品安全检查，特别是在进口商使用公共仓库的情况下，可节省成本。

2.3.3.2 进口食品的国内管理

入境后（国内）监督包括在进口商的仓库中对产品进行抽样，以评估进口商的控制措施，也包括对已流通的低风险进口产品进行监测和监督。

因此，也可从国内食品管控的角度对某些进口食品进行监督，如此一来，可在入境中重点检验高风险进口产品，但仍继续监督低风险产品。

国内进口食品管控措施的内容与国产食品管控措施大致相似。对进口食品的管控一般包括产品抽样检测；与进口商以及使用进口配料的制造商的沟通，并对其进行教育引导；检查或审核进口商控制措施；对进口食品不合规情况做出处理（如召回）。

根据各国行政机构的具体情况，执行入境后管制措施的单位不一定必须隶属于进口食品管理部门（如负责国内食品管控的主管部门、地方政府）。在这种情况下，及时沟通相关信息非常重要，这也是采取风险管理措施的必要前提。一般而言，这意味着机构之间需制定正式协议。

我们将在抽样策略和年度抽样计划部分提出开展监测和监督工作的指导方法（参见第4章和支持工具与指南4.4和4.5）。

支持工具与指南2.1　进口食品、进口商和出口国简况

为了制定和实施进口食品管控措施，主管部门需要获取进口商和进口食品的相关信息，简况中还应包含出口国食品安全体系的信息。

收集和维护这些信息需投入大量的时间和资源。主管部门应考虑清楚，为了建立、维护和改进其进口食品管理系统所必需的信息有哪些。所以在起步之时，相关国家仅收集进口食品管控措施所需的最基本信息即可。随着管控措施的不断完善，整个管控体系有能力承载大量信息时，方可收集更为详细的信息和数据。

进口食品管理系统所需收集的信息应具备一定的系统性，可使用现有数据或主管部门已掌握的信息，或与海关或其他政府机构共用信息。现有信息中很可能存在重大信息缺失，这虽然加大了实施风险管理措施的难度，但仍然可以根据现有证据采取措施。

主管部门应先评估现有信息，确定合适的风险管理措施，确定优先顺序，然后收集和评估所需的缺失信息。

在对风险进行分类时也要用到进口食品和进口商简况。

2.1.1　进口商简况

主管部门在考虑采取哪些风险管理措施最为合适时，可根据掌握的信息（如地点、数量）对进口商进行评估。在实施进口食品管控措施的过程中，如果不了解进口商的基本情况，可能会影响成效，造成资源的浪费。

（1）进口商的驻地。

①进口商常驻于国内：如果大多数进口商常驻于国内，那么实施进口商管控措施和要求（即入境后管控措施）就是确保进口食品安全的重要工具。

②进口商不驻于国内：如果进口商不驻于国内，那么重点关注入境前和边境管控措施可能会更有效。

（2）到边境的距离。

①进口商位于边境附近重要口岸：如果大多数进口商位于口岸（即陆地或

海港）附近，那么进口食品管理官员可以决定是在边境还是在进口商所在地进行边境检查。

②进口商集中在城镇地区：如果大多数进口商遍布全国各城镇，或者全国各地广泛分布着为数众多的进口点，则应考虑更多地使用入境后管控措施，因为进行边境检查可能比较困难。

（3）进口商的数量和规模。

①进口商数量众多：如果进口商数量众多，且大多数是小型或微型企业，则应重点进行身份确认和沟通。实施入境后管控措施（如颁发许可证、评估进口商、检查进口产品）的成本可能会过于高昂。在这种情况下，入境前管控措施和边境检查也许会更有成效。

②进口商数量极少：对大批量进口食品的少数几个进口商，实施入境后管控措施，通常来说效果显著。

③大型和小型进口商并存：对大批量进口高风险食品的进口商实施入境后（国内）管控措施，同时对进口低风险食品的小型进口商降低要求。

（4）仓储类型。

在制定进口商要求时，应考虑仓库规模、容量和分布等信息。

例如，进口冷冻或冷藏产品时要求进口商提交进口批文、冷冻库或冷藏库的地址、类型和容量等信息。

如果进口商主要使用公共仓库储存食品，则应考虑在国内体系中确保对食品储存仓库进行适当监管。

2.1.2　进口食品简况

主管部门在考虑制定最为合适的风险管理措施时，应先评估手中掌握的进口食品的信息，如相关隐患及可能的缓解措施、数量和来源。在实施管控措施的过程中，如果不了解进口食品的特征，可能会影响工作成效，造成资源的浪费。制定进口食品简况时，应首先评估需要哪些信息，哪些信息是现有可用的，还有什么具体信息有待收集。在确定风险的特征时，这些信息十分重要。

（1）进口食品特征。

重大或未知（无法量化）的风险，且无缓解措施：由于存在重大风险，且无缓解措施，通常禁止进口此类食品。

重大风险，可通过外国食品安全管理体系缓解：如果生产国可以减轻重大风险，那么入境前管控措施通常是最有效的。

中度风险，可由外国食品安全管理体系或加工商（进口商）控制措施缓解：对于有中度风险的产品，管控措施通常需入境前安全保证、进口商控制措施和边境检查等配合实施。

低风险产品：对低风险食品，可采用最低限度的管控措施，重点放在进口商身份确认和国内监督上。

动物源或植物源食品：哪些食物必须从源头控制（如软体贝类中的生物毒素、谷物中的黄曲霉毒素）？出口国或进口商必须控制哪些隐患（如添加剂、兽药、农药）？出口国的动物卫生状况如何？

进口产品主要是初级产品（如谷物、新鲜水果和蔬菜）还是加工产品（如即食或脱水食品）？

如果在进口国加工进口食品，进口管控措施可简化为身份查验和产品追溯（到加工商），将进口管控措施与国内食品管理体系加以整合可能是保障食品安全的最有效手段。

如果进口产品直接销售给消费者，则可以采取多项管控措施。对一些具体的国家要求（如产品标签）可能需要采取进口商控制措施。例如，所有不符合标签（如语言、配料）要求的进口食品应被扣留在进口商指定地点（如仓库），直至重新贴标。

进口产品是国产食品的补充，还是某食品、食品产品或食品配料的主要来源？了解进口食品在进口国的消费比例，有助于制定基于风险的管理计划。如果某进口产品是弱势人群的唯一来源时，更需要掌握这一信息。

要考虑进口食品供普通人群食用，还是弱势人群（如婴儿、老人、营养不良者）：供弱势人群食用的高风险食品需要出口国提供更有力的保障。

如果是加工产品，产品为单一配料（如冷冻鱼）还是多种配料（如面包裹鱼）：这些配料可能来自具有不同食品管理体系的国家，管控措施可能包括出口国的认证，证明所有配料都符合进口国要求或进口商的控制要求。边境检查（如产品检验）可能不足以确保食品安全。

是否为易腐烂食品（如新鲜水果、鱼类）？应考虑与出口国或第三方服务提供商建立预清关协议，防止进口产品在检验期间腐败变质。

2.1.3 出口国简况

主管部门应了解进口食品来源，包括进口路径和条件。在主管部门考虑采取入境前管控的情况下，可以选择编写出口国简况（如加工、食品安全管控措施）。

（1）了解进口食品来源很重要。

①从来源国直接运输还是通过其他国家转运（不驻于国内的进口商进行转运的频率较高）？从来源国直接运输的情况下，由于出口国提供安全保证，因此入境前管控措施效果更好。如果大部分进口食品经过转运抵达，则优先考虑

边境和国内管控措施。

②运输条件是什么？集装箱内的产品同属一种食品类型，还是涉及多种产品（如零售商进口多种食品或其他产品）？一个集装箱内装有多个不同产品的话，很难通过入境前管控和边境检查进行管理。最好选用国内管控措施，要求进口商证明同一批次中的所有产品的合规性。

③大多数食品来自一个国家、几个国家还是多个国家？（特别是高风险食品的来源）：

如果大多数食品来自一个国家或几个国家，入境前管控可能是最有效的，可要求出口国作出食品安全保证。同时采用入境前保证与边境检查是管理进口食品的有效工具。

如果进口食品来自多个国家，那么对所有出口国进行入境前管控可能因成本过高而无法施行。建议根据进口食品的数量和相关风险与出口国签订协定，同时进行边境或国内管控。

④了解出口国的食品安全管理体系，包括法律和机构框架、食品安全体系、主管部门数量、该国食品安全生产历史以及出口食品的合规水平。

出口国食品安全系统强而有力时，考虑进行入境前管控（如出口国是否愿意提供食品安全保证）。

出口国食品安全体系强而有力，但未制定出口管控措施，则考虑由进口商采取入境前管控。

⑤了解食品链情况，特别是高风险产品。如果食品的生产和加工在不止一个国家进行，有必要与记录在案的出口国密切合作，了解食品安全控制水平，以及整个生产链中食品安全系统的力度。

了解进口食品来源，同时也要理解可被记录的"控制特征"，这些都是风险分类（参见支持工具与指南2.2）的关键。

（2）进口时机。

管理季节性进口和全年都可进口的食品需要有能力和资源作为基础。

①是否仅在特定时间段内进口？季节性进口？如补充国内供应，北方冬季和干燥季节进口新鲜水果。

如果仅在特定时期进口（如特殊场合食品、季节性作物），则在进口高峰期可能需要加大资源投入。

在一年中的特定时间段，必须能满足进口高峰期的实验室和检验需求。

②常年进口？应具备为常年进口提供全年服务保障的能力。

（3）进口地点。

制定进口食品管控措施时，需了解进口食品的入境港和运输方式。

①通过港口、边境站点或机场进口的比例各是多少？大部分进口食品主要

是通过港口还是火车（卡车）陆路口岸入境？

如果有指定的入境口岸，检查地点可设于港口内部。

如果口岸基础设施完备（如管控非食品类进口产品的设施），可与口岸现有机构合作，提高边境检查的成效。

如果对非食品类进口产品主要采取国内管控，那么在所有入境口岸建设基础设施来管控进口食品可能不具有成本效益。在这种情况下，最有效的方式是在国内管控进口商。

（4）合规历史。

①查看进口食品的合规历史：是否存在严重不合规情况？是否有通常与食源性疾病相关的食品类型？如果有，有关部门需要研究为何实施了管控措施还不能确保食品安全，并设法改进措施。如有违规，应加强国内管控，评估进口商满足监管要求的能力。

②检查合规历史的过程中，还应查看进口商是否也遵守其他监管要求（如标签、产品检验），这也是决策过程的一个组成部分。

支持工具与指南 2.2　风险分类

国家有责任处理好由进口食品带来的数千种隐患。鼓励主管部门使用国际、区域或国家级机构的最新风险评估结果。

但是，国际上针对具体食品隐患的风险评估可能比较有限，或尚未进行过相关评估。许多国家没有足够的科学资源来开发风险评估所必需的数据，因为数据开发价格高昂，可能无法负担。虽然风险分类不能代替《国际食品法典》中提出的全面风险评估，但作为一种简单实用的方法，风险分类法具有系统性、一致性和透明性，且以事实为依据。

使用风险分类，并结合进口食品和进口商简况，可为主管部门提供事实理据，选择适当的管控措施和风险管理方案，或是合理地实施两者的结合措施（即集中资源应对最高风险产品）。

通过对风险进行分类，主管部门可制定适当的入境前、边境或国内管控措施，且保持统一（如检验类型、强度和频率）。

风险分类还可以帮助确定应优先开展哪些入境前管控措施（如双边协定），以及对进口商或进口食品进行检验的频率等。

应用风险分类法时，目标要明确，要理解正着手制定的决策、需解决的问题以及要走的流程。

对风险进行分类应该使用统一且透明的过程。各主管部门应当各自设定风险类别、风险因素（包括定义）、要遵循的程序、要使用的信息（供所有有关各方使用）。风险分类结果应予以公示。

由于风险分类是进口食品管控措施的一个组成部分，为了协助主管部门做好这一工作，下文的指南供读者参考。指南以两种风险类别为基础展开讨论：产品特征和控制特征。主管部门需仔细评估自身具体需求（例如，定义、风险类别）后，来完成自己部门的风险分类。

围绕这两个类别提出相应的关键风险因素。关键风险因素通常具有概括性（例如，"微生物生长"而非"沙门氏菌"，"出口国管控措施"而非"特定工艺要求"）。主管部门需根据风险因素的具体情况来进行核实，并需根据具体情况（如进口商和进口食品简况）做出调整。

主管部门还应确定是使用积分制，还是将风险分为高、中、低三档。主管部门还要识别哪些标准、信息或事实理据可用于确定最高级别的风险，哪些有助于在制定和实施进口食品管控措施的过程中分清主次。

一般而言，国家会采取以下几个步骤：①全面研究产品特性，提出高风险食品清单；②明确风险分类的目标，如优先考虑与出口国建立双边协定、确定对进口商的检验频率；③全面研究问题食品的来源特征；④根据符合目标的事实理据，建立风险管理响应机制。

2.2.1 风险类别1——产品特征

风险类型1指的是当食品面对消费者时，其自身携带的风险。

可以根据食品致病性或致伤性（如微生物病原体存在并生长、生物毒素）、消费者用途（即烹饪）和加工工艺（如巴氏灭菌、罐装、发酵、净化），按高、中、低三类风险，对食品进行分类。在科学论文或《国际食品法典》标准中可以找到风险分类的相关信息，还要考虑与具体食品相关疾病的现有科学依据。例如，虽然食用前对肉类进行烹制可降低风险，但肉类产品也明显存在诸多食源性疾病问题。尽管烹制肉类有降低风险的可能，但肉类产品风险等级不会因此变成低风险或中等风险。

（1）风险因素1a：微生物生长的可能性，通常指食物含有致病微生物的可能性或能促进致病微生物生长的可能性。

是，则为高风险食品；

否，则不是高风险食品。

（2）风险因素1b：对于有微生物生长可能性的高风险食品，应考虑食品的最终用途；通常指高风险食品是即食的还是食用前需进行加热处理。通常有三种方案：

①生食（如水果、蔬菜、奶酪）。

是，则可能被视为高风险食品。

②加工后可食用（如巴氏杀菌奶、肉罐头）。

是，则可能被视为中等风险食品（加工处理后不再是高风险食品）。

③生的但加工后食用（食用前煮熟，如鱼、肉、冷冻食品）。

是，则可能被视为高风险（如肉类）或中等风险食品（消费者烹制后不再是高风险食品）。

（3）风险因素2：毒素形成的可能性（如谷物中的霉菌毒素；软体贝类中的生物毒素）。

是，则为高风险食品；否，则不是高风险食品。

2.2.1.1　食品定级

虽然根据微生物和生物毒素风险对鱼类、肉类或农产品等大宗商品进行分类比较容易，但对于成分复杂的食品以及由多个产品组合在一起的食品，分类的难度会大大增加。食品定级法正在研究中，如新西兰、粮农组织[24]，一旦有了结果，进口国需将其纳入考量。

进口国应确定并公布哪些食品被认为是高风险或中等风险，哪些食品不是。"粮农组织适用于东盟国家的食品和食品企业风险分类指南"提供了一些按风险类别对食品和食品企业进行分类的例子。

▶ 附注

风险因素1：可能的定义

高风险食品：可能含有致病微生物和生物毒素，且促进毒素的形成或致病微生物的生长。

中等风险食品：可能含有致病微生物，但通常不会促进致病微生物的生长。

低风险食品：不可能含有致病微生物和生物毒素。

2.2.2　风险类别2——产品特征

该类别关注的是食品企业、出口国主管部门和进口商在决定风险管理方案时实施的控制措施。产品特性相关风险可通过采取有效措施进行缓解。相反，如果控制措施无效，产品风险可能会增加。

根据出口国管控措施、生产厂家控制措施（如外国供应商验证）和进口商采取的控制措施，可将源头风险分为高、中、低三类风险。可以从多个渠道收集风险分类所需信息，比如出口国管控措施、产品检验的合规水平、进口商合规历史、进口国或其他权威机构公布的对外国食品安全体系的评估结果、进口商或其他经认可的第三方对加工商的评估结果等。一般而言，进口国会选择评

24　"粮农组织适用于东盟国家的食品和食品企业风险分类指南"：www. fao. org/docrep/015/ i2448e/i2448e00. htm。

估出口国的食品安全管控措施，因为这个方法可用于所有出口食品企业，更具成本效益。但是，在某些情况下（如只有一两家食品企业做出口贸易），可以只对一家出口食品企业的控制措施进行评估，做好风险分类。

风险因素 1a：出口国食品安全管控措施的分类[25]可使用打分法，具有重要管控措施的国家为低风险，而管控措施较少或未知的国家为高风险。进口食品数量和合规历史也有助于对出口国管控措施进行分类。进口国也可根据对出口国食品安全体系的认识、信任程度以及相关工作经验来权衡打分。

风险因素 1b：出口食品企业食品安全控制措施的分类可使用打分法，具备控制措施的加工商为低风险，而控制措施较少或未知的工厂为高风险。还可以根据食品的数量和合规性进一步权衡打分。

风险因素 2：进口商控制措施的分类可使用打分法，对出口加工商已实施外国供应商验证（如第三方审计、抽样和验证）的进口商为低风险，而控制措施较少或未知的进口商为高风险。还可以根据食品的数量和合规性进一步权衡打分。

2.2.3　风险分类的使用

风险分类框架有很多用途，因此使用目的必须十分明确。例如，

（1）如果目的是先与外国主管部门签署协定，则应重点分析来源国的所有进口食品及其合规水平，而不是进口商的合规情况；

（2）如果目的是评估进口商控制措施的优劣好坏，评估进口商的所有进口食品和来源国就是重点，并进行打分。对于控制措施最差的进口商，要加大检查频率。进口商和进口食品简况中的信息应作为风险分类的基础。

下面我们将通过 3 种情景简要介绍国家应如何使用风险分类来确定风险管理措施，并划分优先顺序。这三种情景只是例子，进口国要确定本国使用风险分类的目的。使用风险分类确定风险管理措施以及确定分类使用目的应具有系统性、一致性和透明性。

（1）情景 1：入境前管控措施。

目的是确认入境前风险管理措施是否是管理进口产品的最佳方法及能否很好地确定与出口国签署双边协定的优先顺序。在该情景下，高风险产品（A）从 5 个国家进口，且进口量较大，产品特征均应相同。于是涉及以下内容：

①分析进口商和进口食品简况，明确进口量最大的产品及其来源国。

---

　　[25]　该风险因素主要关注来源国的食品安全管控措施，但是进口国也可以运用补充程序，评估出口国动物卫生或植物保护风险。

②评估出口国管控措施的特征。

③基于事实理据做出决定。

▶ 示例

据实确定优先顺序

国家	数量	出口国管控措施	入境前管控措施
A	45%	中等水平	可能的双边协定——优先事项 2
B	30%	高水平	可能的双边协定——优先事项 1
C	15%	低水平：由于缺乏管控措施，进口国对出口国的保证没有信心	考虑其他入境前或国内管控措施（如进口商售前提供合规证据；外国供应商验证、产品分析）可能的双边协定——优先事项 4
D	5%	中等水平	可能的双边协定——优先事项 3
E	5%	高水平	

（2）情景 2：边境检查。

一种措施是以风险为基础进行抽样。在确定应重点抽检哪些产品时，风险分类可为决策提供事实理据。在本例中，涉及 5 种产品：巴氏杀菌液态奶、烘焙类产品（面包）、牡蛎、面粉和新鲜水果。为了简单明了，本例中只有两个来源国。于是涉及以下内容：①分析进口商和进口食品简况，明确进口量最大的产品及其来源国；②评估产品特性；③根据产品的合规性数据，评估出口国管控措施的特征；④基于事实理据做出决定。

▶ 示例

产品特点

产品	国家	风险因素 1	风险因素 1b	风险因素 2	产品特性加总
巴氏杀菌液态奶	A	高（10）	加工后可食用 中等（5）	低（1）	16
	B	高（10）	加工后可食用 中等（5）	低（1）	16
烘焙类产品	A	低（1）	不适用	低（1）	2
	B	低（1）	不适用	低（1）	2
牡蛎	A	高（10）	生食 较高（10）	高（10）	30
	B	高（10）	生食 较高（10）	高（10）	30

（续）

产品	国家	风险因素 1	风险因素 1b	风险因素 2	产品特性加总
面粉	A	低（1）	不适用	中（5）	6
	B	低（1）	不适用	中（5）	6
新鲜水果	A	高（10）	高（10）	低（1）	21
	B	高（10）	高（10）	低（1）	21

▶ 示例

整合产品特性和控制特性

产品	国家	产品特点	来源国管控措施	数量	剩余风险
巴氏杀菌液态奶	A	16	高*（1）	中**（1）	18
	B	16	低（10）	低（1）	27
烘焙类产品	A	2	中（5）	高（10）	17
	B	2	高（1）	高（10）	13
牡蛎	A	30	高（1）	低（1）	32
	B	30	高（1）	低（1）	32
面粉	A	6	低（10）	低（1）	17
	B	6	中（5）	高（10）	21
新鲜水果	A	21	中（5）	中（5）	41
	B	21	高（1）	低（1）	23

* 出口国管控水平高＝合规性良好（1分）；管控水平低＝合规性较差（10分）。

** 出口国出口量小＝分数较低；出口量大＝分数较高。

在该情景的假设下，以风险为基础的抽样计划主要针对以下产品：新鲜水果（国家 A）、牡蛎（国家 A 和 B）和牛奶（国家 B）。

（3）情景 3：国内管控措施。

目的是根据排名前五的进口商的进口数量和产品风险，结合进口商控制措施和来源国管控措施，确定进口商检查工作的优先顺序。于是涉及以下内容：①分析进口商和进口食品简况，明确进口量最大的产品及其来源国；②根据所有进口产品的合规性数据评估进口商和出口国的控制特征；③基于事实理据做出决定。

▶ 示例

进口商	进口商控制措施	来源国管控措施	剩余风险和检验重点
1	高*（1）	低（10）	11
2	高（1）	中（5）	6

（续）

进口商	进口商控制措施	来源国管控措施	剩余风险和检验重点
3	低（10）	低（10）	20
4	低（10）	高（1）	11
5	中（5）	高（1）	6

＊出口国管控水平高＝合规性良好（1分）；管控水平低＝合规性较差（10分）。检查重点顺序为：进口商3，进口商1，最后是进口商4。

支持工具与指南 2.3　认可协定

本指南为进出口双方制定入境前管控措施的协定提供进一步信息。如果主管部门考虑在入境前风险管理方案中与出口国制定相关协定[26]，应认真完成规定的程序。以下关键步骤可协助主管部门制定和推进这些协定。

2.3.1　明确目的

应同出口国协商确定目的。在大多数情况下，这些协定反映的是持续开展的贸易和当前双边关系。

明确以下事项十分重要：

（1）双方正试图制定的协定是以对等、其他认同形式或仅仅是信息共享合作为基础。

（2）协定中涉及所有出口食品还是仅针对一些高风险产品，需同一个还是多个出口国主管部门对接。

（3）协定中涉及整个管理体系还是其中某部分（如肉类产品管控措施）。

（4）协定仅涉及出口国国内生产的食品，还是也包括来自第三国但经出口国转运的食品。如果是后者，须谨慎提出协定中可提供的保证。

2.3.2　效益和成本

进口国应考虑量化制定协定的效益和成本，因为这是确保食品安全和质量的最有效工具。特别要考虑相关国家是否有开展对等确认的准备，或者其他协定是否足以实现既定目标。

2.3.3　工作计划

各国应合作制定工作计划，明确目的、重要时间节点和时间表。

26　符合《食品进出口检验和认证系统的设计、操作、评估和认可指南》（CAC/GL 26—1997）。

进口国和出口国在制定协定的过程中保持沟通十分重要。保持沟通才能及时就技术要点作出说明，并按对方要求及时提供相关信息。

有助于制定协定的因素如下（制定工作计划时也应予以考虑）：①进口国和出口国主管部门之间的合作；②进口国对出口国食品安全管理体系（如既有的食品贸易、食品合规历史）的了解和信任程度以及相关工作经验；③两国食品安全体系（如法律、计划）之间的相似性；④获得科技能力等资源的渠道。

2.3.4　透明度和要求

双边协定的目的明确后，主管部门应检查确认协定中的相关要求、控制措施和关键目的是否清晰透明、且可供出口国使用。如果双方都使用《国际食品法典》中的标准、建议和指南，将有助于协定的制定，并确保其内容建立在明确的卫生安全要求之上。

共同制定协定的第一步应是与出口国进行磋商，获得相关管控措施文件，确认管控措施的目的。应在以下领域进行信息交流：①为食品管理体系提供法律依据的法律法规要求；②制定管理计划和程序相关文件，包括决策标准和行动指南；③设施、设备、运输和通信以及基本卫生状况和水质情况；④实验室，包括评估或认可实验室的信息；⑤出口国主管部门的组织细节（如检验人员、培训）。

2.3.5　执行工作计划

确定目标和制定工作计划的初步工作完成后，就可以开始制定协定了。可以对比进出口国两个系统，分析异同之处（如相同措施）。对于存异的领域，出口国需决定是否确认对等性，或者改进自己的体系以符合进口国要求。

进口国对出口国食品安全体系的了解和信心以及相关工作经验是制定协定的重要因素，因为它可以减少制定协定所需的资源。上述内容不但包括许多上文提到的因素，还包括：①按行业使用过程控制措施，如危害分析和关键控制点（HACCP）；②出口管理系统到位；③进口国、出口国、其他国家或其他官方认可的第三方机构的审核、检验、现场检查结果；④两国之间或与其他贸易伙伴之间已签署的协定。

2.3.5.1　存在差异的领域：对等性的确定

出口国如果确定有寻求对等性的措施，应提供相关信息。

进口国应尽可能精确地说明措施的目标，以及与其自身措施进行比较的关键基础。

根据所提供的信息，通过对比两国体系的关键要求，出口国应记录其措施如何满足进口国要求。

进口国应审查提交的材料，并准备好与出口国进行讨论。在大背景下进行更广泛的讨论十分重要，特别是两国贸易产品合规历史良好的情况下。

2.3.5.2 实地考察

实地考察是对出口国所提供信息的澄清，但在开始前应先明确考察范围和目标。例如，实地考察也用于：①收集出口国措施的更多信息，特别是科学技术信息的交流；②增进对出口国食品控制体系的认识和信心；③实地考察应遵循《国际食品法典》中的原则。

2.3.6 协定

出口国和进口国应一致同意制定正式协定，列出双方的共识。重要的是，双方应对现有客观条件达成项目谅解并保持沟通，因为情况处于不断变化之中。

协定内容可包括：①交流：定期举行会议、电话或视频会议；②新出台的要求、不合规食品货物、食品突发状况以及其他食品安全问题的信息交流；③认证要求（如食品、食品企业）、格式和提交方式；④定期审查，核实出口国具备持续的保证能力。

支持工具与指南 2.4　文件的确认

在向进口管理官员递交材料时，所有货物附带文件均应经过确认和验证，以确保其真实性。为保证能够系统性地评估文件的有效性，相关国家应开发一套标准操作程序供相关官员使用，程序也适用于对出口国或第三方服务提供商颁发的证书进行确认[27]。

确认文件时应同时验证文件是否与货物相关（通常称作"身份确认"），以便确认文件同具体的所载货物相关（产品大小、批次、批号）。

文件要求应清晰明了，方便对照。进口商有时可能提供附加文件，如商业证书（如实验室分析结果），或由出口国家颁发、而进口主管部门未作要求的官方证书。

如果官员没有工作程序（如抽样程序、分析方法与质量保证、与进口批次关联的监管链）来鉴别文件真伪，文件将不能作为最终决策的依据。

如果此类文件被作为进口管控要求的一部分时，则应明确规定并确定文件在决策过程中的作用。在良好进口规范下业已完成的外国供应商验证项目中，这类文件通常被认为是最有用的。

证书确认与以上过程相似，但通常排在其他文件的审核之后。上述两个步骤都可由进口食品管理官员操作执行，对文件的初步审查也可委托给海关官员。图5反映了这一过程。

---

[27]　证书颁发与认证过程都应遵循《通用官方证书的设计、制作、颁发和使用准则》（CAC/GL 38—2001）。

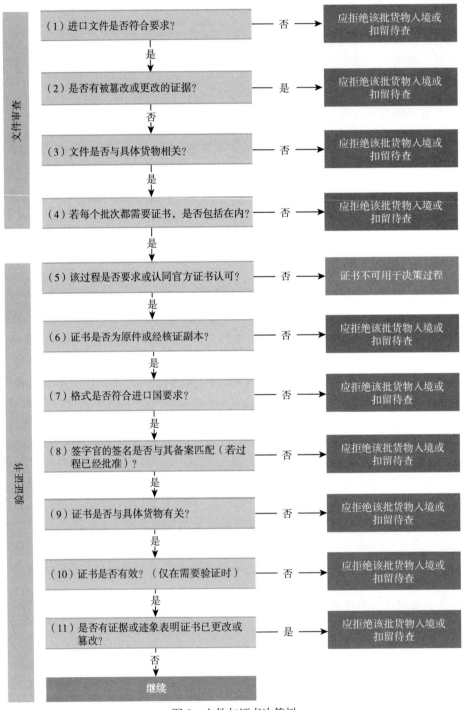

图 5 文件与证书决策树

以下备注为图 5 的补充信息，数字对应方框编号。

（1）要求：应完整提供所有要求信息（如包含全部信息的原始文件，应以适当语言提供，清晰可读）。检查员不应"追查"缺失信息。若决策过程中一旦认为信息不完整，应要求进口商提供缺失信息。若信息补充不及时，则该批次货物不予受理，拒绝入境。不可使用由进口商自愿提供的、进口管理计划未作要求的文件。

（2）更改：文件中的资料或信息被更改的证据（如删除线、覆盖重写、手写字体的改变）。若发现出入，主管官员必须同进口商、发证机构或上述两方核实细节。

（3）食品批次验证或身份确认：确认文件同具体所载进口货物相关（如产品数量、批次、通用名、规格、批号）。

（4）如果出口国保证食品达到进口国的标准，通常需要证书。

（5）验证进口食品是否需要主管部门或经认可的第三方机构发放的证书。

（6）证书原件、核证副本或替代证书应满足要求（如所有信息完整、易读、语种适当）。

（7）证书应采用统一的形式和格式，提供与进口国商定的所需数据。

（8）签字应该清楚，与出口国授权官员的签字备案相匹配。

（9）证书应与进口食品信息相匹配（如数量、批次、批号、通用名、生产商）。

（10）证书确认：包含在程序中，应与发证机构或者经认可的第三方机构取得联系以确认证书的有效性。通常以电子通信方式完成。

（11）更改：文件中的资料或信息被更改的证据（如删除线、覆盖重写、手写字体的变化）。若发现出入，主管官员必须同发证机构或第三方核实细节。

2.4.1 行业与商业认证计划

必须在既定程序中说明如何使用可由进口商提供的商业认证。在进口时，只有在确定了出口商或进口商提供的商业认证准确、有效并与进口国要求一致的情况下，商业认证才会有用。

商业认证只可用于既定程序中，协助进口管理官员做决策。但是，在上述情况中，不应仅根据其表面价值来作决定是否接受证书。应采取必要措施确保此类认证有效，并验证所检货物符合进口时的所有要求。

2.4.2 商业认证的确认与验证

若进口管理计划在决定进口产品是否符合要求时，使用或依赖商业认证，则需进行充分的检查，以验证商业证书的有效性，并验证生产条件满足要求。可采取与评估官方认证相似的步骤。使用公认的商业认证将有助于验证。

2.4.3 欺诈性证书或篡改证书

认证可能是伪造的，证书认证的产品可能是虚假的。在纸质认证的情况下，欺诈性证书很难被查出来。因此可与出口国主管部门签署认证协定、交换模型证书，拒绝接受由进口商或代理商提供的"临时"证书。出口国也可适时逐渐更改或加强证书安全特征。包括：①特殊纸材（如有荧光条纹的纸张等）；②水印或压花；③条形码或其他数字参考。

官方签字人可能随时间推移会有变动。出口国应确保新的签字人信息按要求传送给贸易伙伴。同理，进口国应确保在进口点有正确的签字副本。

篡改证书可能发生在出口国境内或在运往进口国途中。篡改通常发生在发证机构颁发有效证书后，证书中的信息被人为改动（如增加数量、改变产品名称）。进口商有责任确保进口产品附带所要求的有效证书。

篡改导致证书无效，也可导致证书中写明的食品不符合进口条件。

对证书做特定修改不构成篡改行为，如变更进口点和装货地点可不视为篡改。

2.4.4 电子证书

也可用电子证书保证食品符合进口国家要求。由于电子证书通常是政府对政府的系统，因此会降低篡改、伪造证书的可能性。在使用电子认证时，应充分考虑，保护系统免受欺诈、恶意破坏（如计算机病毒）和所有未经授权的进入。在出现系统故障时，系统设计还应确保贸易所受扰乱为最小。使用和设计此类系统与证书时应防止其被冒用或重用，并可将此种可能性降到最低。

2.4.5 关于货物不合规或欺诈性认证的通报

一旦由进口国认定出现任何欺诈性证书或篡改证书行为，应通报[28]出口国的鉴定机构。通报信息中应说明初始认证是否有误，或货物的状态是否在认证时至到达检验（检查）期间发生变化。出口国鉴定机构收到证书出现问题的通报后，则需采取适当的调查和管理措施，防止此类情况再次发生。在由食品欺诈和造假而引发的食品安全事故中，这一点尤为重要。

针对货物不合规的情况，应与进口商和出口国的鉴定机构讨论调查结果，双方应共同与生产商、制造商或出口商沟通，确保不再出现相同问题。

28　《拒绝进口食品入境的信息交流指南》（CAC/GL 25—1997）。

支持工具与指南 2.5　良好进口规范

各国应考虑为食品进口商制定良好进口规范指南，列出进口商需满足的基本控制措施。良好进口规范中与储存条件、建筑物、设备等有关的基本卫生控制措施应与良好卫生操作规范（GHP）相一致[29]。良好进口规范中还应包括对产品进口、文件维护、接收与评估进口产品的要求，同时应包括进口食品配料、但仅用于自己加工的食品企业。

良好进口规范应包括两个部分：第一部分应列出进口商在食品进口中的作用和职责；第二部分应指出外部与内部建筑条件、卫生要求及员工卫生。以下提供了一些可供进口国家制定要求时参考的因素。

2.5.1　食品的规范和程序

由于进口商对其进口的食品负主要责任，所以他们应从能够满足进口国监管要求的外国食品企业采购。他们还应保留适当的文件以适时使用（如在检查期间或召回期间），同时文件中应包含能够确认此产品的足够信息。

例如，进口商应制定书面规范，规定其进口食品的最低要求，并将其作为采购合同的一部分提供给所有的外国供应商。书面规范可包括：

（1）食品说明，如肉类、鱼类、蔬菜、奶制品、糖果。

（2）过程要求的标准，如符合良好加工操作规范、危害分析和关键控制点。

（3）配料，尤其应写明禁用配料。

（4）高风险食品的政府要求或第三方认证要求。

（5）储存和运输要求，如不可与非食品类产品一同储存。

（6）对预包装食品的标签要求，应包括适当的到期时间（如到期时间应足以分销、售卖与消费）和语言要求。

（7）声明该产品符合食品法典委员会或其他适当标准的要求。

2.5.1.1　质量控制（进口商）

作为其职责之一，进口商还应验证所进口的食品同订购的食品一致（质量控制），并符合规范的要求，还包括对于进口批次的外观检查，例如：

（1）确认并交叉确认进口货物批次、进口文件和规范（如食品产品、批次规格、品牌、识别标志、生产商）。

（2）确认标签符合国家要求（如语言、编码）。

---

[29]　《食品卫生通则》（CAC/RCP 1—1969）。

（3）确认无有形瑕疵（如无水渍污染、有形损坏、集装箱泄漏、异味）。

（4）若发现有损坏或瑕疵，则该批货物应被扣留，直到确定补救措施为止。

供应商验证也是进口商的一项职责，以确保进口食品满足进口国家的要求，例如：

（1）复核由外国供应商提供由主管部门或认可的第三方机构做出的年度检验报告。

（2）聘请有合适资质的个人（如进口商的员工）对外国供应商进行检查。

验证程序还包括抽样和分析。抽样和分析工作可以形成供应商的合规历史。可对新一批供应商的首批货物进行抽样，也可对接下来的批次进行抽样。若进口商无法获得适当的实验室服务，可通过要求由出口国家主管部门或经认可的第三方机构提供分析证书来进行验证。

注：该证书是进口商质量保证的一部分，而非入境程序的一部分。证书应由进口商持有并保存，不应提供给边境官员。

2.5.1.2　产品控制、储存与批次识别

进口商也有责任采取控制措施维持食品的状态（如在储存期间）。进口商应制定程序来确保产品的状态，采用先进先出或者先到期先出的原则，确保进口食品和食品配料在其已有和标签上的最佳使用日期或到期日期之前进口并销售。控制措施可包括：

（1）为所有食品和食品配料确定身份标识。

（2）制定适当的储存条件，如储存时远离墙壁，最好置于托盘或货架上；未经加工的食品与即食食品分开储存。

（3）制定食品控制程序（即追溯和跟踪），使进口商能够知道所有进口食品从收货到分销过程中的位置，如产品名称、数量、收货时间、储存地点、发货时间、收货人和地点。

（4）制定不合规食品的处理程序，包括为食品安全机构及外国供应商提供建议，决定应采取何种纠正措施，或者是否将不合规批次退还供应商。在进口下一批次货物之前，进口商也应努力评估供应商是否采取了纠正措施。

（5）制定召回程序，确保能够完整地、迅速地召回涉及问题产品的批次。

2.5.2　建筑物（内部和外部）、卫生措施、水电、人员

同加工食品的企业一样，进口商通常需要用于储存进口食品的设施。这些储存设施由进口商所有或由其他公司所有。不论哪种情况，用来储存进口食品的设施应满足基本的要求，例如以下列出《国际食品法典》文件中有关良好卫生规范的要求。以下条件中的部分或全部都可由主管部门用作良好进口规范的

一部分。

2.5.2.1　位置

（1）进口食品企业应处于无污染、异味、烟尘和其他污染物的区域。

（2）进口食品企业应处于无洪水危害，且不会积累废液的区域。

（3）周边区域应保持清洁，无垃圾堆积或虫害。应有清理废液和固体废弃物的通道。

2.5.2.2　设计和布局

进口食品企业应在设计、建造、维护均为良好的建筑物内经营，能够阻止害虫、灰尘、碎片或烟雾的进入。

2.5.2.3　电力

进口食品企业应能够获得充足的电力资源，以维持建筑物的运行（如灯光、通风设备）以及食品的储存设备运行（如冷藏和冷冻机）。

2.5.2.4　供水

进口食品企业应能够获得水资源，可以是来自供水、水井或其他不受污染的可靠来源。

2.5.2.5　设备布局

（1）应有适用进口操作的基础设施。建筑物中应有足够的空间确保原材料、产品和人员的有序流动，并确保进口食品操作符合先进先出和先到期先出的原则。

（2）若食品没有到期时间（如散装食品），则应根据先到先出的原则管理食品，并确保良好的运转。

（3）若食品有到期时间（如预包装的食品），重要的是确保不销售过期食品，同时应采取先到期先出的原则。

（4）食品储存区域和其他区域应有足够的隔离空间。

（5）应有适当的装货、卸货点，以方便货物的流动，同时，这些装货卸货点应适当覆盖以充分防虫、防雨。

2.5.2.6　内部结构和配置

（1）进口食品企业应位于适合食品储存的建筑物内。这包括：

（2）墙壁、地板和天花板的设计可防虫、防雨（如没有未修复的裂痕或破洞），建筑材料为耐用材料，便于维护和清理。

（3）地板的建造应最大限度减少被污染的可能性，并有充足的排水设施，便于维护和清理（如最大限度减少裂痕和缝隙）。

（4）天花板和顶部固定装置应易于清理，最大程度减少灰尘或冷凝物落到储存食品上的可能性。

（5）墙壁、隔板和地板表面应为非渗透材料，墙壁表面光滑。

（6）窗户和通风装置应便于清理，并可防止害虫侵入。

（7）门的表面应光滑、不吸水，便于清理和消毒，同时其设计应防止害虫侵入。

2.5.2.7　设备

（1）设备所处位置应便于进行充分的维修和清理，按预期用途发挥功能，有助于遵守良好卫生规范的要求，包括监控。

（2）用来冷藏、储存或冷冻食品的设备应尽快达到并有效保持在确保食品安全和可食性所需温度，且允许监控相关参数。应定期校准监测和测量装置并保存记录。校准的频率应根据设备类型、测量的重要程度、设备位置和使用情况而定。

2.5.2.8　设施环境和储存

进口食品企业应为进口食品提供适当的环境（如照明、温度、储存场所）。

2.5.2.9　供水

（1）充足的饮用水，或水源由市政或其他政府机构批准，同时应有适当的储存和配送设施。

（2）若用散装水，则应确保储水罐和容器避免受到污染（如覆盖容器防止动物、鸟类、害虫和其他异物的进入），并确保容器不会污染水。

（3）直接同食物接触的冰块应由饮用水制成，冰块的生产、处理和储存应避免受到污染。

（4）用于进口原材料的冰块不应用于其他任何目的。

（5）所有的供水管道材质应无毒、抗腐蚀、无缝隙、防渗透且管道密封。

（6）应标识非饮用水系统（如防火、蒸汽生产、冷藏或卫生设施），不能与饮用水系统连接，防止出现回流至饮用水系统的情况。

2.5.2.10　废水和废物处理

（1）进口食品企业需处理食品、食品包装物和清洁材料。包括可能在运输过程中损坏的食品、已腐败的食品、过期食品或未达到进口国标准的食品。

（2）应合理设计并建造进口食品企业的废水和废物处理系统。

（3）食品包装废弃物不应在食品储存或其他工作区域（例如装货区）以及上述区域附近堆放。

（4）应标识存放废弃物、不可食用以及危险物品的容器，容器要加盖。

（5）应有充分的废水排放设施（如融冰），其设计与建造应最大限度减少对食品和供水的污染。

2.5.2.11　清洁设施

（1）进口食品企业应有足够的清洁设施和程序。清洁设施应足以储存清洁器具和清洁用品，最大限度减少污染食品的可能性。清洁产品和其他化学物质

（如润滑剂、涂料）应明确加以标识。

（2）应严格限制进入清洁材料和危险化学物质储存空间的权限，储存空间仅对授权人员开放。企业应有规范化的清洁程序，以保持食品储存区及其周边的清洁。

2.5.2.12 个人卫生设施及厕所

进口食品企业应确保在工作场所或附近为员工提供足够的卫生设施，包括充足的冷热水洗手设施、厕所或洗手间。这些卫生设施应合理分布并保持清洁，最大限度减少污染食品的可能。

2.5.2.13 通风装置

应有充足的通风装置以减少空气传播的污染，并适时控制气味和湿度。所有通风装置应保持清洁并状态良好。

2.5.2.14 照明

应在全部设施中保持充足的照明，以确保正常运转（如储存和食品管理）。所有的固定装置应保持清洁、适当维护，以确保食品不会在装置损坏的情况下受到污染。

2.5.2.15 备用供电

应提供适当的备用供电设施（如发电机、逆变器），以确保为储存和保障食品安全提供不间断电力供应。

2.5.2.16 设施维护、清洁与卫生

（1）应制定维护计划，对建筑物和设备进行维护。

（2）也应制定适当的清洁和卫生计划，内容包括清洁与卫生时间表、责任、方法、使用工具与辅具等，以有效控制食品污染。应持续监督其有效性。应确保清洁与卫生所使用的化学品不会污染食品。

2.5.2.17 害虫防治程序

（1）进口商应制定适当的害虫防治程序，包括定期检查经营场所及周边环境、消灭可能的害虫滋生地。

（2）所有防治害虫的活动应使用经批准的产品，并按说明书进行。

（3）在开展所有活动时应确保食品不被污染。

2.5.2.18 个人卫生

（1）进口商应确保每一名员工都有健康证书。

（2）进口商应确保员工保持高度的个人卫生，并穿有适当的干净衣服。这包括：

①在使用厕所或触碰任何受污染的材料（包括原材料、钱和文件等）或不洁净的产品、食品接触表面、身体部位及废物之后用肥皂或消毒剂洗手。

②不要吐痰、吸烟、吃东西、嚼口香糖。

2.5.2.19 运输

（1）进口商应确保食品在运输过程中得到充分的保护，包括保持适当的温度、湿度或其他条件。

（2）运输过程或运输容器的设计、构建和维护（如清洁与消毒）应确保不污染食品。

（3）在运输过程中应适当隔离食品与非食品，以防止污染。

3 进口食品管理的法律和机构框架

> 引言
> 进口食品管理的法律框架
> 进口食品管理的机构框架

3.1 引言

根据一国的具体政策、计划设计（见第 2 章）以及支持职能（见第 4 章），该国制定并实施基于风险的进口食品管理计划。对实施进口食品管控措施而言，有必要明确定义立法权、法律规定的要求和义务、主管部门的权限、职能和责任。

本章旨在帮助各国了解在法律和机构框架方面可用的备选方案，以支持进口食品的管理工作。

3.2 进口食品管理的法律框架

各国可选择一系列监管备选方案来管理进口食品。在不同的法律体系中，有关进口食品管理的法律可能分散在食品安全、农产品贸易或商品法等适用范围更广的法律之中。

3.2.1 基本法律概念

3.2.1.1 与国家立法保持一致

食品安全与质量法是指在食品生产所有阶段（如管理方式、生产、加工和出售）规范食品安全和质量的法律规定。进口食品管理法，即食品安全与质量法的一个子集，指的是直接或间接规范进口食品的法律文书。

▶ 附注

食品基本立法包括对主管部门和食品进口商双方主要职责的指导（即在法律框架内确立了第2章列出的各项原则），允许对进口食品进行管理和执法。通常包括以下条款，例如：

（1）禁止行为，如无照进口；出售不安全或不卫生的进口食品等。

（2）明确违法行为及相关处罚措施。

（3）进口商的进口要求及义务，如确保食品安全的首要责任、践行良好进口规范、进口食品报告。

（4）政府机构及特定权利，如进口检查、产品抽样分析、没收与扣留、设立收费标准、双边协定等。

（5）制定并颁布法规的权力，法规可包括成本效益分析要求、利益相关者协商、列入国际标准和法律审查。

食品基本立法通常由国家的立法部门通过，范围较广，如适用于所有在该国生产、售卖或流通的食品，当然也适用于进口食品管理。与进口食品管理直接相关的条款可能只分布在基本立法中很有限的几个章节。

一般来说，食品基本立法的范围涵盖了产品描述、该法涉及的产品、活动、区域和职责。二级立法不得超越基本立法的范围。

制定或修改食品基本立法的过程繁复，往往需要在国会或议会经历较长的程序。但是，健全的食品基本立法对于进口食品管理必不可少，因为它确立了确保该体系有效的核心义务和责任[30]。

食品基本立法的实施通常需要在食品进口方面制定"二级立法"或"可操作性"的法规、法令或决议等。二级立法可能与一般性食品法规或产业特定食品产品（如动物产品、加工产品）有关。同进口食品管理相关的二级立法可单独成文（如仅涉及进口食品管理）或包含在范围更广的与贸易相关或食品管理的二级立法中。二级立法更为灵活，但其范围仅限于食品基本立法所涵盖的范围。

关于进口食品管理的二级立法应提供详细的原则和步骤，以实施食品基本立法中所包含的实质性条款，如良好进口规范、批准使用食品与食品配料、进口商的登记与许可、政府检查、抽样或费用等。

立法的详细程度和基本框架取决于该国的立法传统。一些国家会颁布全面、详细的文本，包含涉及食品管理的全部法律条款。有一些国家会将食品基本立法内容限制在赋权条文中（即法治通则和事项、机构框架、义务和责任），

30　参见：faolex. fao. org 以及《关于食品立法的观点和指导方针以及食品法新示范》，Jessica Vapnek，Melvin Spreij，FAO 立法研究，罗马，2005. www. fao. org/fileadmin/user _ upload/legal/docs/ls87-e. pdf。

而颁布更为详细的二级立法来实施法律。

食品基本立法同时规定一国进口食品管理和其他相关机构（例如海关）的责任。立法应确保不同机构的权责尽可能明晰，避免职能衔接出现脱节，减少重复工作，以确保资源高效配置以及职能权责分配的连贯一致。食品基本立法也应促进不同机构之间进行合作，允许协作与信息交换。

▶ 附注

基本立法规定了机构责任。为进一步保证合作，基本立法应包括：

（1）各个机构同其他实体（如地方、国家及国际层面）适时进行合作的权力。

（2）明确的合作机制。

（3）避免重复工作并最大限度减轻监管负担的程序。

（4）订立协议（如合作、信息共享）的权力，以确保在进口食品管理工作中的一致性。

（5）为确保合作的开展，立法要求汇报计划及成果等，二级立法应确定基本的汇报要求，如产业信息、合规程度、人力资源及财政资源计划与支出。

3.2.1.2　遵守国际协议、标准与原则

各国应确保进口食品立法与该国的国际承诺相符。世界贸易组织成员必须引入《关贸总协定》《实施卫生与植物卫生措施协定》及《技术性贸易壁垒协定》中的立法概念，同时也应确保与《国际食品法典》保持一致，以提高全球的认同与接受程度，进而保障食品安全，促进全球贸易。

▶ 附注

援引并入，即通过在一文件中提及另一文件的标题或章节，给予后者法律效力。例如，可将《国际食品法典》标准援引并入法规中，将标准转化为法律要求。被援引并入的文件应对所有利益相关者开放，以确保公开透明。

国际公认的食品贸易原则有：①食物链综合管理法（"从农场到餐桌"）；②基于科学的风险管理；③可追溯性；④相称原则；⑤遵守无差别与国民待遇原则，适用于进口食品的措施应与适用于本国国内食品的措施相一致，以避免不必要的贸易限制；⑥食品企业的主要责任。

立法中还应包括其他进口食品管理政策要求，更多细节参考第1章。

尽最大可能将国际公认的定义（如《国际食品法典》中的定义）作为关键词。这将最大限度减少法律解释的问题，增进所有利益相关方之间的理解，遵守国际准则，促进贸易。若同一术语有不同解释，且未出现在国际性协议中，则应在立法中定义该术语，确保利益相关方和贸易伙伴概念明晰。

▶ 附注　定义

不精确的术语会造成法律文件中的重大混淆和误解。对通用词而言，若其不同的意思会造成混淆，则需进行定义。例如，法律文本中可定义"卖"为售卖、要约出售或分销（不论是否有酬金）。因为对于"卖"的普遍理解不包括免费给出某物，所以在法律中定义

"卖"这个术语十分必要。通常需要做定义的术语包括：

进口商：指对进口食品负责的人。其他可能用到的术语包括中间商、贸易商和承销人等。

进口许可：明确需要何种批准文件。其他可能用到的术语包括执照、注册或许可证。

进口食品，如供人消费的食品、配料、膳食补充剂等。

进口食品单位，如批次、承运货物、集装箱。

实施风险管理措施的员工（如检验员、审核员、分析员）；认可实验室的员工或其他官方认可的检查主体。

3.2.1.3 透明度

▶ 附注　实践中的透明度

公开透明有利于监管，因此应确保法规和支持政策内容明晰、容易获得，并在需要进行澄清说明时可联系到有关官员。在实践中，公开透明应包括：

(1) 公众参与制定基本立法和二级立法的过程；

(2) 对公众和所有感兴趣的主体而言，要易于查阅；

(3) 决策过程公开透明，并提供具体决策的过程和依据。

为提高进口食品管理的透明度，食品基本立法、二级立法以及有关进口食品管理的政策和程序应向公众开放。决策过程透明的法定要求加强了对官员的问责，可确保最大程度遵守进口食品管理程序。若需要，立法文件应详细说明决策的理由（如进口许可、进口食品拒绝入境、检查、分析或召回等），并对食品企业或进口商开放。

3.2.1.4 灵活性

▶ 附注　授权：灵活性的工具

进口食品管理立法可允许主管部门将其部分法定职能（如检查、分析）委托或授权给公共或私有主体。

授权可用于边境检查、分析或检验，这对于人力资源或实验设施有限的政府部门来说是非常有用的工具。基本立法中应有权规定委托或授权，并应按政策文本和书面流程进行落实。

法律框架应明确划分不同职能和责任，还应有充分的灵活性以适应科学发展、新发现或计划要求的更新。

因此，各国在草拟监管要求时应考虑灵活性。一些国家遵循本国的立法传统，往往会制定非常详细的法规条例。其他国家则会制定最低限度共同规则和基于结果的要求，从而为私营部门提供了更多的灵活性来达到要求。食品法规之所以常常要求有灵活性，是为了确保进口食品管理能够适应新的国际标准或解决新的科学问题。在应对食品健康风险时，详细规定政府应对措施的监管要求应确保政府有一定的灵活性，根据风险等级采取措施。

法规还应在委托或授权公共或私有主体行使部分职权时给予灵活性，以有效地进行进口食品管理。

3.2.1.5 食品企业、利益相关者和其他公共参与者

食品行业的责任是食品安全立法中一项非常重要的原则。通常认为食品企业在确保其产品符合监管要求中负有主要责任。因此，食品企业需要理解并落实进口食品安全要求。

进口商是进口食品管理体系中的重要一员。因此，进口商应在食品管理，特别是制定进口食品管理的法规中发挥积极作用。各国应为所有利益相关者参与监管过程提供机会，并鼓励他们的参与。这些活动包括标准制定、提升意识、信息共享以及消费者保护等。

3.2.2 技术因素

3.2.2.1 标准制定

立法应批准制定食品安全和质量标准。但是，食品标准并非专门针对进口食品，国内食品也同样适用。制定进口食品标准时，必须注意国内标准，避免重复。如果两个标准不一致，则违反了国际协议（例如世界贸易组织）。

3.2.2.2 进口商责任

在食品基本立法中规定进口食品管理的关键原则很重要，如包括食品进口商在内的食品企业有责任确保其食品符合监管要求。

一般来说，实现方式是规定食品企业（进口商）的义务，使其确保所有进口食品符合监管要求；还规定食品企业（进口商）有义务在产品不合规的情况下，通知特定主管机构。

其他义务可包括对发现或怀疑不符合监管要求的产品进行召回，保持进口食品可追溯性。若在食品基本立法中规定了以上义务，则应在二级立法中进一步阐明详细的程序和步骤。立法中还应包括与费用有关的原则，如召回费用应由进口商承担。

进口商的外国供应商验证计划。立法中应特别要求进口商对其外国供应商进行评估，并将此要求作为入境前进口管理的一部分。该要求可以作为禁令起草（如若评估结果证明外国供应商无法达到进口国的要求，则不得允许进口），也可作为进口要求起草，如在规定了进口要求的法律条款中，或作为许可条件的一部分（如在获得进口许可之前，进口商必须对外国供应商进行验证）。

进口商可以在各国及各食品企业中进行选择，挑选出符合进口国生产标准的国家或企业。

立法要求中应包括对外国供应商验证程序的最低要求，例如：验证进口产

品的抽样与分析水平，还应为进口商提供一系列可接受的符合要求的备选方案，如大进口商可用自己的员工或代理人来评估外国供应商，其他进口商可使用第三方或出口国政府组织来进行评估。

3.2.2.3 入境前风险管理

设计计划时应包括一些入境前风险管理措施，并由食品基本立法批准。

在认可国外食品安全体系时，本国主管部门需要同国外主管部门达成协定，并共同履行协定条款。

通常情况下，食品基本立法会确定此类协定的法律效力和关键要素，二级立法会列出与国外机构[31]启动、遵守和终止协定的详细程序。一些国家可在食品基本立法中加入主要义务，如信息交换等。

食品基本立法中也可以提出以下要求：①评估国外食品管理体系，虽然这一点也可包括在双边协定的文本中。②对出口国主管部门监管下生产的进口食品减少监管。③对未被协定认证的生产商加强监管，如抽查所有批次；或禁止无证进口高风险食品，如软体贝类。④按批次进行认证[32]或通过其他方式进行认证，如出口国认证的生产商官方名单。

3.2.2.4 边境管控措施

根据计划设计，食品基本立法文件中应该明确主管部门有权做出是否允许进口食品入境的决定（参照第2章进口食品的管理框架）。同时，立法文件中还应包括，是否在产品抵达边境之前就决定允许入境（取决于预先通知）；产品何时抵达边境或其指定地点（如进口监管仓库等）；或者产品何时抵达进口商仓库。

立法要求可包括：①禁止或限制特定类别高风险食品或食品配料入境；②强制上报进口通知；③预清关程序，特别针对易腐烂食品；④文件检查，以确保进口产品的有效性，包括验证产品证书；⑤对不可入境食品拒绝入境或进行处理。

此外，立法要求中还应规定：

①谁（如进口商、报关行、承销人、海关）负责提供信息？须提供什么信息（参照支持工具与指南2.1进口食品、进口商和出口国简况）？通常食品基本立法和海关法律法规中均要求记录信息。在后一种情况中，根据机构间工作协议，海关随后会向负责进口管理的官员提供信息。

▶ 示例

进口商应向××机构提供每批进口食品的书面进口通知，包括以下信息（见第2章）：

31　《食品进口和出口检查及验证系统的设计、运行、评价和认可指南》（CAC/GL 26—1977）。

32　《通用官方证书的设计、制作、发放及使用指南》（CAC/GL 38—2001）。

②谁（如海关官员、进口管理官员或两者）负责审查进口文件？海关放行的程序是什么？什么时候放行？如海关官员可根据海关要求在边境点放行食品，但要求食品转移至监管仓库或进口商仓库，然后由进口食品管理官员进行风险评估。

▶ 示例

海关官员一旦放行，进口食品货物应在监管仓库等待××进口食品管理机构的决定。

③谁有权拒绝（如海关官员、进口食品管理官员）或处理不合规的进口食品？程序是什么？相关的运输、储存或处理费用由谁承担？

▶ 示例

进口食品管理官员负责执行由××机构制定的食品管理条例，禁止不合格食品经由任一边境点进入该国。

④谁负责根据计划或监管要求作出检查决定？谁（如海关官员、进口食品管理官员或第三方服务提供商）负责执行检查、抽样和分析？也可针对等待检查或分析结果的进口货物做出特别规定。

（1）检查与管控权。进口食品管理立法的另一关键要素是规定政府有责任监督合规情况并在必要时开展执法行动。根据计划设计，政府机构可以在法定职权范围内开展检查并进行管控，或者指定一个或多个私营组织对进口食品进行监督。

▶ 示例

依照食品法律或条例，检验员可在任何合适的时间进入任何有进口食品的地方，进行检验、检查、抽样，检查并复制全部或部分与进口食品相关的文件、记录，并视需要没收并扣留不符合法律或条例要求的货物。

应在食品基本立法中确定检查的权力，并树立主管部门权威。在行使检查权力时，可能会有损基本权利，如进入经营场所、抽样、没收货物或限制商业行为等。鉴于此类权力可能影响或限制本国公民的宪法权利和自由，通常应由立法机构讨论并通过。

食品基本立法文件中一般应包括：①指定负责监督检查的机构为主管部门，明确任命检查员的规则；②主管部门可采取的监督合规情况的措施（如文件审查、产品和经营场所检查、样本分析等）以及执法措施（如没收、召回、吊销执照、行政处罚、诉讼、禁令等）；③主管部门是否有可能将采取上述措施的职权授权或委托给另一实体或第三方服务提供商；④违法处罚（如制定最高罚款或诉讼后的最高刑期）。

因为在管控、处理和通报进口食品紧急事件时，主管部门需要更大的职权，所以应在食品基本立法文件中明确食品安全紧急事件声明和管理的具体权限。立法文件中应确定谁可以宣布紧急事件的开始和结束，并批准应对措施。立法中应规定在紧急情况下加快决策过程，并进行适当的风险信息交流，确保公开透明。这些措施应与风险程度相匹配，并且有时限，在紧急事件结束后予以解除。

（2）授权管理进口食品。若可将进口食品管理中的某些职能授权给其他公共或私有实体来履行，应将授权条文纳入食品基本立法，并在二级立法中就授权的细节做进一步规定。

▶ 附注　实践中的授权

立法文件中权限和要求应包括授权资格、能够授权与不能授权的管控措施、授权实体或个人的权限和报告职责，以及对授权职能履行情况的监督和检验。

授权的职能应仅限于不涉及公共主权的职能，如官方文件的签名不可授权。

（3）第三方服务提供商的任务。服务提供商经过授权后，可承担公共职能。他们也可经认可后，成为认证方，对符合生产或加工标准或国家要求的产品进行认证。立法文件可明确第三方服务提供商的任务（例如：抽样、分析和检查）、职责、义务和报告的要求，以及对服务提供商授权的最低要求（如认可）。同时文件还应指出若服务提供商不能达到规定的标准，应如何取消其认可；或者参考外部标准（如国际标准化组织、国内认可标准等）制定相关要求。

若进口食品管理中包括第三方认证，则立法文件中必须提供如何进行认证的指导，以及主管部门如何利用产品认证证书的指导（如若产品由第三方认证，监管工作可能因此减少）。

3.2.2.5　入境后（国内）管控

所有针对进口食品的国内管控措施都应具备相应的法规规定，尤其是对进口商的要求。进口商管理措施主要包括进口商注册、获取进口许可证或批文以及其他一些相关要求等，拟文时可以用禁令或要求的形式（所有进口商必须拥有进口许可证）。相关要求包括强制性收费、强制性落实良好进口规范（见第2章支持工具与指南2.5）或外国供应商验证等，还应包括一些其他的强制性要求，如核实和验证进口食品是否满足所有的监管要求、记录保存是否完整以及是否具有可追溯性等。

▶ 示例

若不符合以下条件，则不允许任何人进口食品：

（1）进口商注册；

（2）持有进口准许，或持有进口许可证。

3.2.2.6 进口食品、进口商及出口国简况

进口食品和进口商的信息对于实施进口食品风险管理至关重要。主管官员依法有权收集信息，或要求食品企业提供相关信息，建立并保存进口食品和进口商简况档案（见第2章）。食品基本立法文件中可以规定主管官员有权制作并维护进口商和进口食品的注册表。

立法文件应赋予进口食品管理官员权利，使其在产品和经营场所检查期间，有权检查并获取进口商的档案材料（如账本、票据、书面程序、计算机）。立法文件中还应规定进口商必须提供的资料和信息、信息的提交格式和提供时间等。在食品基本立法中，食品企业有义务保留和报告信息。在制定规范条例时，再确定更加详细的信息记录要求，包括：①必须保留何种信息、文件和记录；②何人负责维护文件；③以上资料须保存在何处，保存多长时间。

3.2.2.7 机构间合作

由于在进口食品管理中涉及多个机构和地方政府，因此这些机构间的协调合作十分重要。立法文件中应包含一些机制，以确保所涉的机构之间进行交流和合作，最大限度避免工作重复、职能重叠交叉，避免衔接脱节，并提供有效和高效的管控措施。立法文件应建立信息共享机制，不论该信息是由某一政府机构收集，或由某一食品企业提交给政府，都应在所涉机构中共享。如果一国将海关作为所有进口商的唯一窗口，那么法律应规定海关必须与进口食品管理官员共享信息。对于食品企业提供的信息，立法文件中也应明确规定官员应保护私人信息，不得公布散发。

3.2.2.8 费用

在实施进口食品管控措施时产生的费用（见第4章）必须由食品基本立法文件批准。法律应规定主管部门有权批准和修改收费标准并且有权收费。在二级立法中规定实际费用，并且还应包含进一步修订和更新费用标准的机制。在确定费用时，重要的是费用数量同提供的服务相称（如进口商负担某一具体进口管控措施的成本）。立法中应明确阐述每项费用是如何确定并征收的（即收费程序），包括可能的例外情况。

▶ 附注

立法文件中可按如下方式确定费用：

（1）服务费用（如进口许可证的费用是××美元）。

（2）每小时检查的费用（如检查费每小时××美元）或一次检查的总费用（如检查进口商良好进口规范落实情况，一次××美元）。

（3）进口产品每千克的费用，通常数额很小（如1千克××美分）。

如果要求进口商为第三方服务提供商付费，政府有责任确保服务费用适当合理。

▶ 附注

如果第三方能力有限，可在立法文件中规定费用多少，并与服务成本相称。在某些情况下，可以要求第三方服务提供商向政府提供成本凭证。

3.2.2.9　抽样和分析

食品基本立法文件中规定主管官员有权进行产品的抽样和分析，有权指定或使用官方实验室，或适时认可第三方实验室。第三方实验室可以是国内实验室，或是出口国的实验室。

立法文件可批准第三方实验室进行以监督为目的的抽样和分析。然而，通常情况下，执法行动中的抽样和分析只限于政府官员来进行。正如"第三方服务提供商的任务"中所述，法律应确定实验室指定与认可的要求，以及撤销指定和认可的步骤和程序。

3.2.2.10　执法

立法文件中应明确规定对不合规进口商或进口食品进行管控的权力，尤其在这些权力可能影响到进口商基本权利的情况下。管控措施包括暂停或撤销进口许可，拒绝食品入境，扣押或没收不合规产品，销毁不合规产品，征收行政罚款或进行行政处罚，起诉进口商，申请法院实行强制执行以及要求法庭对进口商实行禁令等。通常在规范条例中详细列出诸如强制召回、公示或没收等要求。

在执法和起诉中，由于对抽样（如监管链）或分析（如官方程序）有具体的法律要求，因此通常在规范条例中会细化要求，还可以参照分析方法或抽样程序的具体要求。

3.2.2.11　追索或申诉

由于对进口食品的监管决定和执法行为可能影响进口商的权利和自由，因此立法文件中应纳入申诉机制。法律也应规定审查机制，检查官员对货物批次所做决定是否适当。

在食品基本立法中，一般会批准申诉权，并在食品安全或一般性行政程序中对申诉程序另作具体规定。申诉步骤和程序必须公平透明，确保进口食品管理计划的可信度。在一些国家法律体系中，行政申诉是向法庭申诉之前的必备步骤。在此情况下，立法文件可规定第一阶段的行政申诉，包括：

（1）非正式申诉，即某一食品企业通过口头或书面的形式，请有关官员讲清楚所采取的措施。在此情况下，有关官员应记录他们对食品企业的回复。

▶ 示例

在加拿大《水产品检验法》中规定"进口商可在暂停或撤销进口许可证之后的60天内以书面形式请求机构主席决定是否应恢复进口许可证"。审查撤销许可证的步骤在政策中列出。

（2）正式申诉，通常要求作出决定的主管部门重新考虑所采取的措施（如食品企业可以对所谓的错误程序提出异议）。在此情况下，将由高级官员审查申诉，也可能由该食品企业提名的代表参与审查。

（3）立法文件也可允许使用其他争议解决机制。在此情况下，在食品安全法、商品法或一般法定程序法中均可建立机制，成立一个独立的委员会审理投诉或申诉。此类法律中应包括：①成立委员会（如资格以及任命条件）；②委员会的权力（如成立的程序、证据审查、见证人文件的制作和检查等）；③进行处罚的权力（如罚款）；④委员会决策的法律效力。

▶ 示例

《加拿大农产品法》成立了仲裁委员会，负责审理进口产品监管失败的投诉。法规中规定了委员会须遵守的流程。

3.3 进口食品管理的机构框架

进口食品的食品安全和质量控制措施可以保证这些产品满足进口国的监管要求。各国有不同的进口食品管理机构框架，可能涉及一个或多个主管部门。尽管各国情况不同，但是负责进口食品管理的各机构之间合作并进行有效的信息共享，对于有效实施进口食品管理至关重要。此外，在食品进口阶段，还有其他的管控措施，如动物卫生和福利、植物卫生以及关税等。虽然这些措施同本手册考虑的技术内容不同，但是所有这些措施的实施都需要合作和信息共享，因此能最大限度提升效率，减少对食品企业的干扰及增加额外成本，因为产生的额外成本最终都将不可避免地由消费者买单。

3.3.1 协作和信息共享

如果能在食品基本立法文件中明确规定主管部门（负责进口食品的安全和质量）和相关机构（如动物卫生、海关）的职责（如目标、权力和责任）；并且规定机构之间进行合作以及共享信息，则在这种情况下进口食品管控措施的实施最为高效。这些机构包括政府和参与进出口管理的私营部门，如进口商、第三方服务提供商等。

尽管这看起来十分简单，但是在实施过程中可能会极具挑战性。各国应考虑以下一般性建议：

（1）在食品基本立法中对职责做毫无歧义的说明，避免在不同文本中产生分歧，如在食品安全和部门法规中对职责的说明与在某部委责任说明中列出的相关职责之间避免分歧。

（2）明确程序，以确认任何已有或可能有的遗漏或重叠，进行适当的协作以最大程度减少重复工作，如动物卫生部门和食品安全部门都需要同样的信息，则其中一部门应负责收集并共享信息。

（3）适当使用合作机制，例如合作谅解备忘录，或明确的授权协议。

（4）在最大程度上，制定一个全国性的、普遍性的进口食品风险管理计划。

3.3.2 机构框架

本节概述了参与进口食品管理的常见机构，但并非详尽无疑，各国应该评估自身特殊国情，适当安排本国机构。

一般来说，可能有若干机构参与进口食品管理，监管与实施职责可能分散在超国家层面、国家层面或国家和地方相结合的层面。

3.3.2.1 超国家或区域机构

若某一区域的国家间贸易规模大，或已签署贸易协定或食品安全协定，那么这些国家的政府应考虑在超国家层面或区域层面采取进口食品的管控措施，或采取其中的部分措施。如欧盟已经建立了一个共同体框架，成员国的主管部门可采取进口食品管控措施。

在超国家层面实施进口管控措施，或者区域内的国家采取一个共同的框架或方法，可以提高边境检查的效率和效力，为进口食品安全分配更多资源，促进各国间贸易。同时，在超国家层面采取措施还可以增进进口食品管理部门进行持续交流，保证参与国采取一致性进口食品管控措施。

在超国家层面实施进口管控措施还可以提高进口国的谈判地位，提高进出口食品的标准和安全水平。

在参与国或相应的政府机构之间缔结正式协定（见第2章支持工具与指南2.3）是成功落实协定的关键要求。

3.3.2.2 国家层面机构

在多数国家，进口食品管控措施是国家层面的措施，因此这些措施适用于全国范围内所有进口港和所有地区的进口食品。政府指定的主管部门管理并制订国家唯一的进口管理计划，确保在全国实施统一的进口食品管控措施。

进口食品管理主管部门的职责通常同负责国内食品管理机构的职责保持一致，如果国内结合产品类别来监督管理，那么进口食品管理同样如此。

（1）进口食品单部门主管。很多国家采用单部门主管的方式，管理进口食品和国内食品，统一负责进口和国内食品安全。

▶ 附注

需要注意的是，尽管多处提到一国可以有"一个"机构负责对食品管理，此处有关

"一个"的概念并不确切，因为该国也将有其他的边境检查措施（如入境检查、海关等）管理人和产品的流动。

关注食品安全可以确保：①进口食品和国内食品均达到相同的标准；②连贯实施食品安全计划；③更有效地运用风险管理计划，更有效地使用各种资源和专业技术（如实验室和基础设施等）。

一般来说，单部门主管的权限包括食品安全和质量，但也会有很多其他安排。

（2）多部门主管。另外一个常见方式是指定多主管部门负责食品安全和质量，其法律职责是负责食品链上不同阶段的食品安全。在各自的管辖范围内，可能有不止一个主管部门参与进口食品管理工作。

进口食品管理的责任分工可按照一国政府既定的不同部门负责的监管目标（如卫生、贸易、农业等）而定，或可按照国家和地方政府职责分工而定。在此情况下，多主管部门都有职权监督管理食品质量和安全的合规情况。

在有多部门主管的情况中，重要的是通过行政手段最大限度地减少重复工作（如要求进口商取得来自诸如农业部、卫生部、贸易部、商会等多机构的许可证或批文；进口商被多个机构检查），最大限度地增进合作和信息交流（如由海关代表所有相关机构颁发一个许可证即可），遵循明确的程序以确保不会因为其他的问题（如财政或贸易问题）而忽视潜在的食品安全问题。

一些国家可能设有针对某类产品的进口管理主管部门。如某国有一个机构主要负责进口鱼类产品，另外一个机构负责进口肉类产品，还有其他机构负责除鱼肉外的进口食品。

如果一国结合产品类别来管理进口食品，那么通常情况下，该类进口食品主管部门也负责同类产品的国内生产和出口。此类主管部门通常针对某一特定商品制定连续计划，并以最具成本效益的方式落实计划。但是，主管不同产品的机构往往以不同的方式处理相似的风险。

在多部门主管体系中，职权交叉重叠会导致工作重复（如两个机构检查同一进口商）并增加行政成本（如人力资源、培训和采购等）。为避免重复工作，所有主管部门应合作制定一个一体化准则，以促进协调与合作，避免不必要的改组和重构。一体化准则将推动有关进口商和进口食品的信息交流，确保各类产品风险管控措施的一致性，最大限度减少重复。通常成功实施风险管理的一个关键要求是所有主管部门达成正式协议（见支持工具与指南 2.3）。

（3）国家/地方政府。如果一国在国家政府和地方政府之间有权责的划分，通常涉及进口食品管理时也会有不同的主管部门。在多数情况下，通常由国家政府负责进口食品的主要管理（即入境前和边境检查）。

▶ 示例

①美国食品和药品管理局负责管理进口食品与跨州经营的食品。美国50个州的州政府负责各自州内经营的食品。

②加拿大食品检验局负责管理进口食品、出口食品及国内跨省经营的食品，而其13个省和地区政府则负责管理在其省内或地区内出售的食品，包括进口食品在内。

地方政府通常负责各自领土范围内的国内管理，但是在某些情况下，可以授权给地方政府，让其负责边境检查，并向国家政府报告结果。此时，重要的是在两级政府间制定协议，明确各自的任务和职责，以确保合作，最大限度减少重复。

由于地方政府通常负责各自区域内出售的所有食品，因此可以更有效、更高效地实施国内管控措施，包括监督（如在进口商的经营场地或对国内市场上的进口食品进行抽样和分析）或检查（如良好进口规范）。地方政府还可将其国内管控措施与公共教育和产业能力建设活动相结合。但是，若没有国家框架，由于地方政府能力和效率不同，国内管控措施的落实情况可能会参差不齐（如管控措施和管控水平不一）。

在国家政府和地方政府之间进行协作和信息交流十分重要，因为落实管控措施可能会涉及不止一家主管部门。若要落实成功，需要在国家和地方主管部门之间以及在地方不同的主管部门之间进行协作和信息交流。为有效落实进口食品管控措施并报告结果，需要明确所涉部门各自任务和职责，建立协作机制。正规透明的报告要求有助于一致有效地落实措施。

▶ 示例

协作和信息共享：欧盟成员国应准备并报告各自国家多年度国家控制计划（MANCPs）执行情况。在该计划中明确说明了协作与报告机制，控制计划针对性强，具体目标明确，详细说明了由哪个主管部门针对哪类产品实施何种管控措施。进口食品管控措施，连同其他的国内管控措施，都是多年度国家控制计划的一部分。

3.3.2.3　其他机构[33]

除了食品安全和质量控制以外，一国也可有其他负责进口食品的机构。所有这些机构应确保进行持续的沟通，并适时进行协作与任务共享，以提高计划实施的有效性和效率。

（1）海关。海关通常负责保护本国免受外部威胁（例如，走私非法产品）以及从合法进口产品中征税。由于海关一般会在所有入境点设立办公室，因此他们有权收集进口商以及进口食品的信息。海关可以收集信息，并建立进口商和进口食品的简况档案（见第2章），作为食品安全计划的一部分。所以海关

---

[33]　非食品质量安全控制。

是进口食品安全的重要伙伴。海关也可以：①防止非法食品入境；②通过单一窗口收集进口商信息（最大限度避免工作重复）。

（2）食品法典联络点。各国可在不同的机构（如食品安全管理机构、农业部或标准化机构）内设立食品法典联络点。尽管某机构被指定为联络点，但在参与食品进出口检验及认证系统法典委员会的工作时，进口食品管理官员应同该机构官员合作。

（3）公共卫生监测。进口食品管理机构应持续与该国负责公共卫生监测的机构合作，尤其是在食源性疾病方面进行信息共享。

（4）负责植物卫生、动物卫生和其他国际协定的机构。进口食品安全管理机构应与负责实施其他国际协定（如《国际植物保护公约》、世界动物卫生组织、《濒危野生动植物种国际贸易公约》[34]、非法、不报告和不管制捕鱼[35]等）的机构，或其他负责动植物检疫的机构进行合作。

合作包括：①对动植物及其产品的进口商实行一致和共同的信息共享机制和程序，以提高效率、减少重复；②就外国使用化学品或疫情暴发进行信息交流，因为上述情况可能导致禁止或限制食品进口；③确认进口鱼类为合法捕捞，并在加工过程中有适当的食品安全监督。

（5）初级生产机构。负责初级生产（包括农业、畜牧业和渔业）的机构通常为生产者（如农民、渔民等）提供支持，包括用以改善初级生产的支援和建议，在某些情况下还包括出口认证（如遵照《国际植物保护公约》或世界动物卫生组织的要求等）。进口食品主管部门应评估与初级生产机构进行合作与信息交流的效益。

（6）标准化、合格评定与认可。一些国家已经设立了标准化机构，负责制定产品（如电子产品）和程序（如认可）标准，这些标准可以包含在规章中（如作为参考附在文件中）。上述机构也可以负责制定国内或进口食品的标准并实施。

一些行业协会（如英国零售业联盟）已制定了自有标准，包括合格评定和认证，以确保进口食品满足监管要求（如外国食品供应商验证）。在实施风险管理措施（见第2章）时应考虑食品企业自己执行的标准。

标准化机构或行业协会也可以制定合格评定的要求，包括评估以及认可有能力实施合格评定机构的程序。在上述情况下，可能有机会与负责进口食品管理的机构之间进行合作与信息交流。进口食品管理也可在进行风险分类时考虑行业标准，特别是外国食品供应商验证。

34　www. cites. org。

35　由于捕鱼有捕捞配额限制，多数国家已签协定防止非法、不报告和不管制的捕鱼产品进口。

在进口食品管理机构与经认可的合格评定机构间进行合作可提高效率，最大限度减少重复。这需要在进口食品管理与标准化机构之间达成协议，规定各自任务和责任，并进行信息共享。在其他情况下，进口食品管理中包含此类评估机构，落实进口管控措施（见第 4 章）。

4 进口食品管理的辅助职能

＞ 引言
＞ 集中管理
＞ 科学支持
＞ 检查支持
＞ 其他辅助职能
＞ 支持工具与指南 4.1　计划
＞ 支持工具与指南 4.2　计划制定——进口商建议与信息
＞ 支持工具与指南 4.3　制定标准操作程序
＞ 支持工具与指南 4.4　抽样策略例举
＞ 支持工具与指南 4.5　检查与抽样程序指南
＞ 支持工具与指南 4.6　工作职责说明与人员分类
＞ 支持工具与指南 4.7　培训

4.1　引言

　　本章旨在帮助主管部门了解支持进口食品管理计划所需的关键职能，以及在制定和实施计划过程中的主要考虑因素。正如第 2 章进口食品的管理框架和第 3 章进口食品管理的法律和机构框架所述，各国政府必须认识到，没有"放之四海而皆准"的万能方法。每个国家都有自己具体的国情，不仅在进口食品管理如立法、主管部门的设计上有所不同，而且政府机构如海关、动物卫生、国内食品管理等的分工也各不相同。然而所有国家在制定、实施或改进进口食品管理计划时，都需要考虑进口食品管理的关键职能，并考虑将这些职能纳入国家食品管理计划。

　　正如第 2 章所述，进口食品管理应有一个计划框架，包括计划制定和落实过程中的集中管理；以及适当的检查、科学和法律服务、行政和人力资源职能等。整合所有的支持职能可以确保进口食品管理在实现政府目标的过程中发挥有效作用，也意味着有助于取得更大的成果。

图 6 列出了进口食品管理辅助职能的主要组成部分。

管理支持职能	
>集中管理	
・ 系统分析、计划与报告	
・ 基于风险的计划设计与维护	
・ 计划管理、协作与应对	

技术支持职能	
>科学	>检查
・ 科学建议	・ 入境前
・ 分析服务	・ 边境检查
	・ 入境后

其他辅助职能		
法律服务	行政	人力资源
	・ 财政	
	・ 地点	
	・ 运输	
	・ 采购	
	・ 其他政策与步骤	

图 6　进口食品管理辅助职能的主要组成部分

多数国家具有图 6 所列的部分或全部支持职能，可能形式上会有所不同。建立一个综合系统通常需要时间，所以重要的是在已有基础上进行完善，系统地评估现有组成部分，确定差距，并以此为基础制定多年计划，改进进口食品管理支持职能。

▶ 附注

进口食品管理通常不是某一机构或主管部门的唯一职责，一般由食品安全管理机构履行进出口管理食品或国内食品安全管理职责。一些支持职能如科学建议、分析资源等通常由国内食品管理和进口食品管理来共享。

4.2　集中管理

集中管理在进口食品控制中发挥重要的整合作用。集中管理依法行使权力，在法律框架与机构框架中制定、实施并合理安排风险管理措施。集中管理负责制定进口食品管理计划的目的和目标，包括制定与重新制定、利益相关方的参与以及国家或国际层面的安排[36]。

通常情况，集中管理负责确定进口食品管理的优先领域以及所需的科学建议，并协调政府监管职能如检查、抽样和分析要求等。此外，集中管理也负责持续的信息管理、行政管理和人力资源管理。集中管理的职责包括：①信息收集、系统分析与规划；②基于风险的计划制定与维护；③计划管理、协作与应对。

4.2.1 信息收集、系统分析与规划

集中管理要能收集信息，如建立进口商或进口食品简况档案，然后进行系统性的数据分析。分析的结果可为规划和实施过程提供参考。若一国已收集信息并进行规划，本章所提供的指南可用于改进设计与实施。

大多数国家从信息收集工作开始。大部分信息用纸来记录，或其中一部分用纸来记录。多年来，进口食品和进口商的信息作为收集工作的核心，被录入纸质系统，这种情况在信息基础设施有限或资源有限的国家尤为常见。在使用纸质系统的情况下，重点工作是收集和分析关键进口信息，如进口商的身份、排名前 10 的进口食品等，不要计划收集进口食品、进口商和出口国简况等所有信息。重要的是只收集可以用于有效和高效分析的信息类型和数量。如果收集的信息过多，则需要更多的时间进行分析，这可能会推迟基于风险的进口食品管控措施的落实。

当进口食品和进口商信息增加时，主管部门应确保改进其信息管理系统。无论信息系统是纸质系统，还是部分或完全计算机化系统，确保采用适当的系统非常重要，以官员能够随时访问信息为宜。

进口商和进口食品等信息应在年度计划周期内进行系统分析，以便高层管理人员能及时获得分析结果，并做出决策。信息分析应评估：

①进口食品、进口国和出口国简况的具体信息。

②食品、抽样与检测结果中危害情况的科学建议。

③检查活动的结果，如对出口国的考核、对进口商的检查、边境检查等。

④实施进口食品管控措施所需的法律、财政、行政和人力资源支持。

4.2.1.1 规划

信息分析完成后，分析结果应指导进口食品管控措施规划过程的优先顺序，即：①制定计划；②落实计划。

---

[36] 《国际食品法典》：国家食品监管体系原则和准则（CAC/GL 82—2013）。

▶ **附注　检验员（政府或非政府）**

包括现有检验员在内的资源通常被认为是进口食品管理的限制因素。规划和优先排序是有效利用现有检验员实施基于风险的进口食品管控计划的关键。通常情况下，如果对现有资源、实现该计划的现有和所需资源之间的差距没有进行详细评估，也不能提供更多资源情景下，可能会取得更好的预期结果如更高水平的食品安全等，政府通常不愿意为进口食品管理提供更多资源。

（1）计划规划。计划规划是指为评估进口食品管理计划的风险管理措施而开展的活动，旨在改进计划或实施新的风险管理措施。

计划规划通常持续多年，因为改善进口食品管控措施意义重大，需要对整个系统的所有职能和落实情况开展信息收集和分析，如计划检查以及科学支持工作等，当然也包括了来自学术界、利益相关者、其他政府合作伙伴等多方的重要信息和情景分析。

对于拟议的改善措施，应评估其对结果的影响，如食品安全水平变化如何，进口商成本管理和进口食品管控成本如何，实验室、检查机构如何落实等。目的是避免计划外的负面影响，同时有效地提高食品安全和质量。有关多年计划规划功能的示例详见支持工具与指南 4.1。

▶ **示例**

如果要寻求贸易伙伴的保证，包括引入进口食品认证、边境检查和进口商的变更等，那么应优先考虑制定国际协定。这需要对进口商和进口食品简况、检查、科学、行政支持工作以及人力资源进行分析，以评估实施和管理国际协定的支持要求。

▶ **示例**

计划规划中的一项非常常见的工作是审核实施进口食品管控措施所需检验员的数量。这意味着要分析进口商的数量、需要检查和抽样的进口量以及进口地点。此外，还需要仔细核查现有的检查能力及检验员的工作地点，以及检验员是政府工作人员还是非政府工作人员。评估检验员执行每项任务的时间、需要执行的任务数量以及按风险程度对任务进行排序，可以估算出落实计划所需的检验员人数。有了这些信息，即可按风险等级重新分配检验员，这将有助于请求政府增加资源，或变更支持计划如雇用第三方或非政府检验员来履行相应职责。

在考虑变更部分计划时，尤其在集中管理层用于评估及其后续落实的资源有限的情况下，评估可以分阶段进行。正确认识评估或实施能力，并在此能力范围内开展工作，不但有助于拟议变更的成功，而且使集中管理层能够专注于关键的优先事项。

如果针对所有风险管理措施进行评估，并对进口食品管理进行全面设计或重新设计，将形成全新的管理体系。

在对所有现有的进口食品管控措施进行全面评估的同时，还需要审视风险管理措施的变化情况，如增加新措施，放弃一些旧措施，改变落实或监管要求以及拟议变更的实施计划等。可以考虑外部实体如外部利益相关方专家委员会或审核和评估小组，与负责机构合作，开展设计或重新设计工作。引入外部实体可以促进磋商，提高透明度，并加强利益相关方对拟议变更的支持力度。

▶ 示例

例如，如果将入境前进口管制作为新要素列入计划，该过程将包括对进口商和进口食品概况的全面评估、风险分类评估、组织能力评估（例如政府监管能力）等，还包括如何协调促成贸易伙伴、利益相关方和政府官员充分参与。在数月（如果不是数年）内进行磋商，为进口商和官员制定详细的计划指南，确保出版和分发给所需人员，并最终实施计划。

（2）业务落实计划。业务落实计划是指制定包括科学建议、抽样计划、进口商许可、检查和协调等持续措施。在大多数进口食品管控计划中，多数计划在形式上年年保持一致，但需要每年改进计划具体内容来应对不断变化的环境。计划的改进依据对上一年实施措施的评估，如是否按计划落实、结果是否符合食品安全目标等。业务计划通常按检查和分析结果重新确定风险等级，以确保管控措施的有效和高效落实。

业务计划是进口管理计划的一个组成部分，大多数国家已有某种形式的业务计划。业务计划通常以 18 或 24 个月为计划周期，根据预定信息收集、报告和分析结果，形成财政年度报告。示例详见支持工具与指南 4.1。

4.2.2　计划制定与维护

风险管理措施是一国特有的进口食品管控措施的组成部分。

计划制定与维护可确保外部（如行业及消费者）和内部（如检验员和分析员）受众易于获取相关信息。主管部门必须将信息整理成册，如进口商指南或检验员的标准操作程序等，便于有关人员查询。

4.2.2.1　进口商指南

进口商指南应非常详细，以便所有进口商能够了解进口食品的基本要求。指南应提供政策说明，概述每项要求目标。此外，指南中应提供联系信息，如负责官员的姓名和地址、电子邮件地址等，以便进口商可获取更多的信息。

进口商指南的四个示例可参考支持工具与指南 4.2。

▶ 示例

如果进口食品管理计划要求进口商获得许可或注册，或申请进口许可证：必须有进口商如何获得所需授权的指南。

4.2.2.2　检查落实指南

检查人员指南包括详细信息和标准操作程序。详细的标准操作程序可提高计划落实的一致性。作为进口食品管理的一部分，每项风险管理措施都应有一个或多个标准操作程序。有关标准操作程序的示例参考支持工具与指南4.3。

4.2.3　计划管理与应对

由于无法为每种可能的情况向进口商和计划落实人员提供指导，进口食品管理计划需要有计划管理和应对机制。

▶ 示例

计划管理和进行食品分析的实验室之间需要进行持续的沟通。这将使实验室能够理解并满足进口计划要求（例如新的检测要求），从而提升计划能力并做好准备工作，如检测方案、维护计划、员工要求和设备投资等。

计划管理与应对是集中管理层和计划执行人员之间的一项业务机制，主要任务是应对问题、管理协作并为国家层面和国际层面出现的新情况提供指导。

计划管理需要与国际贸易伙伴，尤其在维护双边或多边协议方面，进行持续的沟通和协作，保障海关服务和国内相关机构的顺利运行。持续的合作可以确保与合作业务对接，最大限度地减少重复，进一步推动各方采取步调一致的行动。

计划管理也需要应对不合规现象。当需要在国家层面采取措施时，如能建立国家协调和应对中心，可以促成相关部门采取协调一致的措施，还可以在发现新的或异常情况时，为进口商和落实人员提供一致的指导。计划管理还负责监督结果并在计划周期内重新确定检查的优先次序，从而确保一致性。计划管理负责按年度报告进口食品计划落实的结果。

▶ 附注

为了保持一致和连贯的国家计划，不得授权检验员个人变更计划或改变计划管理决策。

4.3　科学支持

进口食品管理计划将需要科学支持，以建立和维护基于风险的进口管控。一般来说，科学支持可分为两种类型：①科学建议，包括制定抽样策略和年度抽样计划；②分析服务。

4.3.1　科学建议

集中管理部门需要科学的指导意见，用于制定、实施和维护基于风险的进口管理。

这些部门可以向国际机构寻求科学建议，如食品添加剂联合专家委员会（JECFA），农药残留联合专家会议（JMPR）和微生物风险评估专家联席会议（JEMRA）等；也可以向其他国家或地方政府机构或学术界寻求帮助。一些国家建立了独立机构，为风险管理者（例如日本食品安全委员会）提供风险评估或科学建议。还有一些国家建立了区域伙伴关系，为多个政府提供科学建议，如澳大利亚和新西兰食品安全局、欧洲食品安全局等。区域伙伴关系使区域国家能够集中资源来制定并提供科学建议。

如果由其他机构提供科学建议，则应通过书面程序或协议正式确定与主管部门的关系。这对于明确每个机构的职能和责任、各机构提供的资源、产生的预期结果和效果非常重要。接收建议的主管部门应需要确保项目官员具备理解和实施科学建议的科学知识和能力。

4.3.2　抽样策略和年度抽样计划

制定并遵循抽样策略和年度抽样计划需要科学建议。

抽样策略和年度抽样计划为检查人员提供指南，也为行业和其他政府利益相关者提供指导。之所以如此，是因为前提条件是所有进口食品都要接受检查。检查的目的是：

①核实进口商已采取有效措施，来保证进口食品始终符合国家要求；

②验证进口管理计划的有效性，如确定正在实施的计划是否有效，或边境是否有漏洞。

（1）抽样策略。计划管理通常将抽样策略记录列为计划规划的一部分。一旦获得批准，该策略就是制定年度抽样计划的基础。

支持工具与指南 4.4 提供了抽样策略的两个例子。尽管这两个例子有相同的目标，即评估进口食品和进口商是否遵守监管要求，但其基本理念大不相同。第一例认为所有进口食品都是良好的订单，即假定它符合进口要求；第二例则是将食品按风险分类或监测食品。

（2）年度抽样计划。年度抽样计划将所有计划的抽样和分析合并为一份文件，所以通常作为业务落实计划的一部分。抽样计划确定要收集的样本数量，指明需抽样的产品类型和所需的分析工作。一般以下信息为基础来制定并维护计划和策略：对样本结果的定期审查，来自进口食品、进口商和出口国简况的信息，风险分类信息以及其他相关信息如来自贸易伙伴或国际食品安全管理机构网络（INFOSAN）的信息等。

年度抽样计划通常规定检查的类型和数量（包括标签审查）以及要进行的分析或检测，同时还确定了抽样作为边境（可入境）管制措施还是作为国内管制措施。在可用的实验室资源及其分析能力的范围内，抽样和检测应仅用作基于风险的进口食品管理中的一种工具。

4.3.2.1 抽样与分析的责任

在制定抽样计划和指导文件时，须认真考虑抽样与分析两方面工作。进口食品管理计划有多种方案供选择，包括：

①所有的抽样及分析工作由政府人员承担；

②所有的抽样及分析工作由进口商承担；

③抽样及分析工作由政府及进口商共同承担，即方案综合了两方面力量。

在第一种方案中，主管部门必须考量实验室及政府人员的能力，保证取得结果并及时作出决策。

▶ 附注

政府官员作为落实监管措施的主体，应进行随机抽样来确认进口商做法符合程序要求，防止其从预先准备的合格品中进行虚假抽样。

在第二种方案中，进口食品管理计划需要进口商聘请第三方提供服务，可以请公认的机构或经认证的机构承担工作。服务方需要按照既定比例抽样，提交样品进行分析，并将分析结果递交政府。上述情况中，计划的原则是进口商保证进口食品符合监管要求。一旦发现不合规，政府官员可以负责合规抽样并履行后续行动。

第三种方案可以是上述两方工作的任意组合，如可以要求进口商支付抽样费用，政府人员负责抽样及分析。

抽样与分析职责分工是政府计划内的决策，禁止个人更改抽样既定策略。如果政府负责抽样，检验员个人不得改变计划，不得允许进口商提供样本，否则由于没有限制措施，将无法保证样本的真实性。

虽然可以要求进口商支付抽样与分析费用，或由其进行抽样及分析工作并承担相应费用，因为这对于很多进口食品管理计划而言符合情理，但是在实施前仍然需要仔细斟酌。首先，这一方案须获得进口食品安全法律法规的批准，同时详尽且明晰的规则和管控措施都已到位。如果由进口商承担抽样与分析工作，进口商须保证找到胜任抽样任务的第三方服务提供商；找到承担分析工作的有资质的私人实验室；同时政府官员对整个过程进行严密监督，以尽可能消除进口商或服务提供商的任何利益冲突行为或欺诈行为。

进口食品管控措施可以允许出口国作为第三方来提供服务。在这种情况下，出口国可依据进口食品管理计划对出口国检验及实验室服务的信任程度，向进口商提供充分的监督、抽样及分析证据。

4.3.3 实验室

进口食品管理计划也需要分析工作的支持，分析工作也是科学支持职能的一部分。在进口管理工作中，分析工作不可或缺。通过分析可以评估合规情况，也可用于监督项目进展情况，如评估微生物病原体、污染物等。

对政府而言，如包揽所有分析工作，费用很大。因此进口食品管理计划应认真考量分析工作的所有可选方案。如上所述，方案包括使用政府的实验室、使用第三方实验室或二者结合。以上方案各有利弊。

一般情况下，大多不设专门用于进口食品管理的实验室，进口食品与其他食品管控（如国内管控、出口认证等）共享分析服务。共享就意味着使用政府或第三方实验室进行分析的决策，将针对所有的食品安全管理计划，而不仅仅为进口食品计划。

在确定最佳方案时，也需要了解抽样与分析法律法规。有些情况下，法律要求政府检测必须在政府实验室进行。其他情况下，不要求政府负责检测。进口食品管理计划如果可以选择，则需充分评估备选方案的现有分析水平：①国内食品管控的政府实验室（包括国家级和省级实验室）；②大学及其他学术机构的实验室；③第三方私人实验室；④国际机构实验室或第三方实验室（尤其是区域贸易伙伴）。

此外，有必要了解各实验室的现有检测水平、资质以及对各实验室的信任程度，如是否有质量控制、是否有质量保证、是否经过认可等。为进口管理提供分析服务的实验室须具备及时恰当地提供分析结果的能力，并在任何申诉的情况下全面支持分析结果。

如果进口食品管理计划能够使用政府实验室，则会更好地管理人员，保障供给，保证方法和质量。这样能提高官员对实验室能力的信任程度。但是这种做法的前提条件是政府实验室资源充裕。

如果进口食品管理计划从其他公共机构如其他的国家政府部门或地方政府获得分析服务，则会对实验室的运行几乎没有控制权，但只要实验室有恰当的质量控制体系，就可以保证实验结果可信。此外，进口食品管理计划可依据实验室所提供的分析服务，按比例承担实验所用资源。如果进口食品管理计划与其他机构签订实验室服务合同，则应编制正式协议，并遵守合同中的内容，如任务、责任、服务标准、资源配置等。确定正式的工作安排并持续沟通交流，才能保证服务工作顺利开展。

如果进口食品管理计划与大学或第三方实验室签订合同，则须认真考虑如何监督实验室以保证取得可信结果。应根据如下重要原则衡量进口食品管理计划所涉的所有实验室。

（1）一致性。所有实验室应尽最大可能使用同样的标准，并且用同样的评价标准来考核所有实验室，以保证实验结果有效、准确、可复制。

（2）信任程度。使用客观、可核实的标准评估实验室的能力。对实验室的信任程度将用于决策，这对于实验室在业界、公众及其他国家心中的可信度至关重要。

（3）透明度。实验室及使用实验室进行检测工作的人员应知悉必须遵守的标准与要求以及如何合格评定要求。合格评定基于客观标准，结果会传达给受评实验室。对实验室能力的评价过程及结果应定期向业界、公众及其他国家公开。

4.3.3.1 实验室质量保证及认可

进口食品管理计划利用实验室服务对进口食品进行监管决策，因此实验室应具备完善的质量保证体系，确保其抽样及检测程序的准确性，政府实验室及第三方实验室均是如此。实验室必须能够证明实验室质量保证计划已到位[37]。质量保证包括一系列措施，保证在使用不同检测方法及样本量不同的情况下，实验室能够维持高水平精度与熟练程度。良好的质量保证体系应包括：①每项检测步骤如样本提取、设备性能验证等都有标准操作程序；②清晰的管理要求，如强制性记录、数据评估、内部审计；③对于可能出现的缺陷，预先确定纠正措施，包括实行纠正措施的责任。

▶ 附注

有些国家的食品管理实验室正在建立质量保证体系。为食品管理计划提供分析服务的实验室，至少应受到直接或间接的监督。如果由第三方提供服务，进口食品管理计划应提供一份实验室名单，列出认可的具备抽样及分析条件和能力的实验室。

▶ 附注　实验室国际标准

《检测与校准实验室能力通用要求》为评估实验室能力提供了国际公认的依据，许多国家采用它作为实验室可以从事检测工作的基本标准。此外，针对不同的检测要求，也可使用其他的评判标准。包括参与优质的外部项目，如参加美国分析化学家协会关于果蔬农药残留的能力验证项目，同时根据进口食品管控的具体情况对《检测与校准实验室能力通用要求》中的规定进行详细说明或阐释。

有些国家要求参与进口食品管理的包括政府和第三方实验室在内的所有实验室都须经过认可。经认可的实验室应设有标准操作程序，建立质量管理体系，以识别并纠正与这些程序的偏差。为保证实验室认可的可信度，认可机构应成为国际实验室认可合作组织（ILAC）《互认协议》的签署方，即业务遵守《认可机构认可合格评定通用要求》或同类型要求。

认可通常有两部分：评估实验室的总体运行，并在认可范围内对实验室就某检测方法的能力进行评估。认可机构应对实验室进行定期审核，保证其合规

---

[37]　经济合作与发展组织关于良好实验室规范与合规监督原则的系列文件 Env/Jm/Mono（99）20。

运行。认可机构与政府协调安排，可派进口管理计划的技术人员参与上述审核。认可机构或经过认可的实验室应向进口食品计划提供审核结果，在被撤销认可或暂停认可的情况下必须提供审核结果。

4.4 检查支持

进口食品管理的一个关键原则是政府承担监督责任，保证进口食品和进口商符合监管要求（见第3章）。在计划制定之初就纳入政府监督，可在入境前、边境、入境后进行。进口食品管理计划须谨慎选择落实政府监督的方案。目前普遍认可的方案有：由进口管理官员或其他政府官员进行监督；由第三方履行监督职责；由第三方和政府官员共同监督。

4.4.1 入境前

通常，入境前监督旨在评估出口国或产业是否有能力生产符合进口国要求的食品。

4.4.1.1 评估出口国政府控制措施

评估出口国食品安全体系通常是两国政府行为。评价应遵循《国际食品法典标准》，尤其是外国官方检验和认证系统评估行为的原则和指南[38]。评估工作通常由政府官员承担，也可能由非政府部门的技术专家配合。

4.4.1.2 评估外国供应商

进口商通常会选择第三方来评估外国供应商，但也有些进口商会请自家技术出色的员工担任此项工作。

第三方检查机构可以是外国政府、国外合作机构或其他第三方机构，必须满足法律授权、资质能力、公正客观、质量保证、程序记录方面的标准。

进口食品管理计划可以按照国际标准或同等标准制定资格要求，并依据资格要求对第三方机构进行评估，或与国家级认可机构合作，评估第三方机构。

4.4.2 边境

多数国家都设有边境检查，如海关和边防检查。通常情况下，海关负责边境管理，即决定哪些产品及人员不得入境、哪些在一定条件下可以入境，如支付关税或费用以及护照管控及签证管理等。因此，海关在所有正式边境点都有官员驻守，并在整个边境及其他入境点（如机场）设岗监督。

---

[38] 《食品进出口检验和认证系统的设计、运行、评估与认可指南》（CAC/GL 26—1997）。

进口食品管理计划需要与海关合作，实现对边境点的监督。监督的方案有多种，在选择时须考虑多方面因素。

4.4.2.1 政府官员

无论选择海关官员或进口食品管理官员来实施边检措施，都应谨慎考虑。

（1）进口食品管理官员。海关可将有关进口食品的所有文件给指定的进口食品管理官员参考，为进口商指明了唯一有效的入口，同时还能保证进口食品管理计划可以获得所有合法进口物品的有关信息。海关官员可以通过现场检查和突击检查的方式处理食品的非法进口问题。

进口食品管理官员可以在入境前或边检时审核文件。进口食品管理官员接受相关培训，具备科学知识，能够根据进口食品管理计划的要求进行风险决策。

文件审核能够更快找到需要检验和抽样的货物或批次（见支持工具与指南4.5）。官员可以根据情况做出恰当安排，如货品转运、卸载或全面检查。

（2）海关官员。由海关官员在边境采取风险管理措施，可以减少官方管控措施的重复实施，如重复审核入境文件，从而精简成本。

在上述安排下，政府将在所有港口对食品进行全面监督。然而，通常较食品安全而言，海关工作更加重视税收、反走私、反恐怖行动。此外，海关人员通常不具备足够的专业知识，无法在进口食品管理方面进行风险决策。如果要求海关官员采取特定的进口食品管控措施，海关与进口食品主管部门必须制定正式协议，明确工作重点及程序（见第2章），详细说明海关官员可以采取哪些管控措施，如可以审核文件，核查身份，但不能进行实物检查及抽样等。

4.4.2.2 非政府途径

如果进口方合规记录良好，即进口食品产品始终符合监管要求，进口食品管理计划可以考虑减少官方边境检查，仍要求其汇报食品种类、进口地点、进口商及进口时间。这种情况下，进口商已与进口食品管理计划达成正式约定，可由进口商负责对进口食品检查、抽样及检测；或者进口商负责聘请经认可的第三方完成上述工作。进口商还应负责向进口食品管理计划递交检查、抽样及检测的结果。

与入境前管控措施中的第三方服务商一样，政府须制定资质要求，并对照要求评价第三方，或者与国家认定机构合作，对第三方进行评价。第三方必须符合法律授权、能力资质、公正客观、质量保证、程序记录几方面的标准。

4.4.3 入境后/国境内

国内管控通常包括检查和核准进口货物，包括在进口商仓库中对进口食品抽样。已在国内上市的进口食品的监督通常由国内食品管理计划来负责。

4.4.3.1 政府官员

通常由进口食品管理官员负责监督进口商是否遵守良好进口规范及监管要求，如在进口仓库对食品进行抽样与分析。这样做的好处是，通过入境前及边境风险管理中获得的信息，能够对进口食品进行优先排序，以便定位最高风险，同时也可以将进口商的相关信息传达给负责入境前及边境检查工作的部门。

如果国内不同级别的政府参与上市后的进口食品管理，或别国政府主管部门负责自己出口到他国的食品上市后管理，进口食品在国内市场的监管可能出现重复抽样与分析，进而导致资源的重复低效使用。如果出现多个监管单位，协调安排并及时沟通尤为重要（见第 3 章）。

4.4.3.2 非政府途径

另外一种方案是，要求第三方服务提供商对照监管要求如支持工具与指南 2.5 的良好进口规范，评估进口商。第三方服务提供商或进口商须向进口食品管理计划提供评估结果。上述情况下，进口食品管理计划须谨慎考量第三方服务提供商的有效性，衡量其数量、能力及信誉。政府须制定资质要求，并对照要求评估第三方，或者与其他的国家认可机构合作，对第三方进行评估。第三方必须符合法律授权、能力资质、公正客观、质量保证、程序记录几方面的标准（见第 3 章）。

4.5 其他辅助职能

4.5.1 法律服务支持

制定并完成进口食品管理计划需要法律服务。很多措施的制定需要法律建议，包括：①制定并实施进口食品管理法律法规；②制定并实施产业及操作规范，保证服从法律；③计划管理遇到新或特殊情况时，由法律权威在法律框架内提供建议；④为违规事件后续跟进、法律诉讼、执法行动提供建议；⑤在执法过程中给予法律支持，如进口商或企业上诉、暂停或吊销许可证、诉讼案件等。

法律服务的支持可保证进口管控措施符合法律规定及要求。提供法律建议的人员应接受过相关法律的培训，具备并掌握专业知识。

4.5.1.1 监管和执法

虽然检测和监督工作可以由第三方承担，但监管和执法通常由政府官员承担。所有的监管和执法行动必须经过法律授权（见第 3 章）。鉴于监管和执法的目的是保证合规，政府应为进口商提供指南，并明确违法违规的后果，包括：①暂停或吊销进口商许可证或进口批文；②从市场上召回不合规进口食品；③销毁没收产品；④扣押；⑤起诉。

官员在监管和执法时，应保证遵守所属机构的适当程序。很多情况下，官员会在执法决策过程中寻求法律建议。

4.5.1.2 法定职权

监管决策与执法行动须保持一致并且合法，并反映进口食品管理官员的职责。因此，进口食品管理计划需要依法规定职权，不同级别官员有不同的职权，如可批准初级官员有检查文件以及对进口食品进行抽样的权力。而高级别的官员可有权与贸易伙伴签订正式协议。因此职权规定有助于培训官员，使其理解对自己的法律义务与责任。

4.5.1.3 资格证

确认进口食品管理计划官员的身份至关重要，可以通过官方卡片或徽章进行身份确认。人事规定和工作程序应明确谁应该携带身份证明，身份证明上应包含哪些信息，如姓名、官员编号、职责权限等。批准上述文件的过程也十分重要，确保只有经批准的官员才能获得官方身份证明，这样能够减少身份盗用的可能性，并能减少伪装官员以谋取私利的可能性。

4.5.2 行政支持

为保证进口食品管理顺利高效推进，需要有行政服务。行政包含了多种服务，从管理财务资源（如费用）、健康和安全要求、采购（如实验室用品、办公室耗材）、资产（如办公室、车辆）购置及维护，到制定相关政策及程序等。

4.5.2.1 财务资源

财务资源对提供必需的基础设施、设备及人员，保证计划有效运转至关重要。有效管理风险能保证国家从有限的资源中获得最大的成果。

鉴于食品安全属于公益范畴，进口管理的财务资源通常由政府提供。由于进口商通常是盈利的私营公司，进口管理所需资金可由政府提供，并由进口费作为补充。

通常进口商有两种形式提供资助：要求进口商向第三方付费（如检验以及实验室分析等）；或向政府提供的服务支付进口费。

如果要求进口商支付费用或向第三方付费，则中央机构须与利益相关方协商制定收费标准，并保证进口商、出口商及其他利益相关方易于查阅（如刊登在网站上）。所有费用的定期审核应包含在计划阶段。向第三方服务提供商支付的费用应符合服务标准。

（1）费用类别。如果进口商在进口前需要获得许可或批准，通常会发生费用来办理许可证或批文。可以使用不同方式制定收费标准：

进口费用可以定为固定费用（如按照进口货物的重量或体积收费），或者以服务费形式（如文件审阅费、产品检验费、实验室分析费）。在收取服务费的情况下，尤其是收取小时费或按时间收费的情况下，保证检查无压完成任务至关重要。

对高风险的进口食品，由于需要采取更多监管措施（如文件评估、检查、抽样及检测、审核），总费用会很高。

制定收费标准时可以考虑合规情况，从而影响进口商行为。针对违规行为，可进行更多抽样并收取更高的检查费用，合规历史不佳的进口商将支付更高的费用。为通过质量保证计划的进口商制定更低的收费标准，具有良好合规历史的进口商将支付较低的费用。

政府部门也可以考虑对不良表现（如连续检测不合格）增加服务费，增加经营不善的进口食品企业及进口商的成本。通过这种方式，收取进口管理费用有助于保证进口商以负责任的态度，管理与食品进口相关的风险和成本。

低风险进口食品由于所需采取的进口管控措施较少，因而费用可能较低。

（2）费用收取。应依法制定进口费用收费程序，可以由海关收取费用，然后将费用交给进口食品管理计划，用于支持进口管理。在这种情况下，应该由所涉及的机构签订正式协议，规范收费及其转账行为，并且必须规定审计条款。进口食品管理计划也可直接收取进口费用。这种情况下，应尽可能地集中收取费用。有关收取进口费用，应制定明确透明的程序，对进口商和官员公开。此外，应该进行财务审计，核准收入与支出。

依据职权，有关部门可以在进口过程中按不同时间节点收取费用，时间节点包括发放许可、货物到达、文件审核、检验、抽样、检测等。通常情况下，检查人员不得直接收取费用，而应通过中央出纳员或者其他安全的财务方式进行收费。只要条件允许，应以电子方式实行收费以尽可能减少贪污腐败。

（3）进口担保。国家可以要求进口商为其进口食品缴纳担保金或提供担保。在某些情况下，这是进口的条件。如果进口食品符合要求并准予放行，保证金（通常是货物申报成本的某一百分比）将退还进口商。如果产品不合规，保证金将用于支付再次出口或者销毁的费用。这种方式强调了进口商保证其产品合规的责任。

4.5.2.2　办公室/实验室地点

进口食品管理计划应认真考虑其办公室和实验室的地点，尤其要考虑进口食品的交易方式及成交量。通常的做法是，一线官员办公地点可以设在边境点，以促进与海关官员的沟通协作。但还需考虑诸多其他因素，如边境点的数量以及进口食品的入境方式等。

办公地点应方便检查人员高效往返执行任务，样品运送高效便捷，并可以促进进口商及其他政府官员畅通交流。如果大部分食品通过海运入境，则应将主要办公室设在海港。如果大部分食品被送至大城市，在进口商仓库或其他指定仓库进行检查，则应该将办公室及实验室设在检查点附近。在边境线较长的国家，有时需要限制进口点数量，以便有效实施进口食品管控措施。国家也可以专为高风险食品指定入境港口，港口配备适当的基础设施。

中央办事处通常设在首都，有利于与其他机构及政府部门加强沟通协调。

如前文所述，实验室是进口食品管理计划的重要组成部分，其建立、维护及运行耗资巨大。应认真考虑实验室的数量及位置，这对于保证资源的有效及高效利用至关重要。需要考虑的部分因素包括：样品的数量及种类、运输的要求（如冷藏）、运输方式和成本（如公路运输、航空运输等）以及所需的分析仪器和设备等。许多国家无法达到理想状况，即样品在两小时或更短时间内到达指定实验室，这通常是地理条件或基础设施的限制造成的。在此情况下，应包装并运送样品，保证其维持适当的条件（如冷链），以便样品抵达实验室后可供有效分析使用。

4.5.2.3 运输

进口食品管理计划需要充足的运输条件来服务官员并运送样品。如果仅仅依赖人力徒步将抽样设备（如冷藏箱、冰袋等）运至检查点，并将样品送至实验室是不可能的或非常困难的。应明确样品的储存和运输条件并作出适当安排，否则分析结果可能不准确（例如：冷冻或冷藏的样品应在抵达实验室时维持适当的温度），分析结果就将失去价值。

往返于抽样场地的运输方式可以包括：租车、使用公务或私人用车、摩托车、公共交通，或综合以上选项。须考虑的因素包括：往返检验场地的距离、运输工具的可得性及其成本。

有些情况下，如入境前检查，可能需要为官员提供飞机作为运输工具，有些情况下需要使用飞机运输样品。

在进口食品管理计划中，针对运输工具的使用，应制定清晰的规定及程序，应明确在何种情况下使用何种运输工具。例如，如果有公务车可供使用，就应主要使用公务车而非私人车辆。如果使用公共交通工具，应制定样品保护程序规范。

4.5.2.4 采购

进口食品管理计划在运行过程中，需要购置多种设备及用品。其中可以包含资产购置，例如汽车、实验室设备、办公楼等；或购买通用耗材，如办公耗材、实验室试剂等。采购决策需要考虑政府的关键要求，如根据自由贸易政策，也应将国际供应商纳入采购名单。

采购可以由很多人完成，如行政人员、检验员、政策分析员、实验室分析员等，因此制定采购政策及程序、规范采购活动至关重要。进口食品管理计划可以使用已有的政府采购政策及程序规定，保持一致性，减少重复，或适时制定自己的要求。

采购政策及程序应明确谁负责批准采购，如资产购置可能要高级管理人员批准，而采购实验室用品则可由等级略低的人员决定。采购政策需要明确制衡措施，确保采购物品满足计划有效、高效运行的要求，保证收到的商品与采购订单一致，保证费用与采购物品相符。这类制衡措施对于尽量减少贿赂和诈骗至关重要。

4.5.2.5 政策与程序

进口食品管理计划需要大量的行政政策及程序来指导关键措施。与前面提到的技术指导（例如：抽样程序）不同，这些文件对于贯彻落实计划期间的人事管理非常重要，应在差旅、职业健康、安全、人员招聘以及聘用承包商或第三方服务提供商等方面制定政策规定。

4.5.2.6 人力资源/人员

进口食品管理计划的实施需要专业人员和行政人员。应以基于风险的计划制定及支持提供为出发点，明确领导、管理、实施计划所需的技能。进口食品管理计划可以选择使用已有的人力资源政策及程序规定，以提高稳定性，减少重复工作，也可适时制定自己的规章要求（有关岗位职责说明的例子参见支持工具与指南4.6）。

可以方便地查看组织结构图，且所有的职位、责任、资质、技能、能力应对机构内外的相关方公开，内容应包括：①清晰界定权力与责任（详见岗位职责说明）；②明确职位，如检验员、经理，明确官员的责任及管理层级。

（1）人员情况说明。岗位职责介绍了一个职位的职责与责任，同时也确定了机构内该职位与其他岗位的关系。人员情况说明通常以职业种类为依据，从事相似工作、所需技能相似的岗位被划分为一个职业种类。

（2）分类。条理安排岗位需要一套分类体系。分类可以促使机构确保最低教育与培训要求，这都将有利于招聘工作和员工的进步。

▶ 附注

分类：建立并维护良好的组织结构，为有效管理人力资源打好基础。

（3）培训。培训政策应说明员工培训及学习的机会与要求。实施进口食品管理计划的员工应对其职责有统一的认识；经理应了解如何行使自己的职权；

财务、人力资源、内部审计、采购、材料管理、不动产、信息管理等部门的专家应符合专业标准要求；各层级员工应就各自的层级及职能要求掌握相应的知识、技能及能力。

员工应有一个培训计划，以保证可以完成目前的工作并筹备未来的工作。培训应将个人需求作为依据，考虑学术背景及相关经验。员工在咨询过管理人员后，应制定个人学习计划。培训应该帮助员工提高知识和认识水平、技能和能力，从而帮助雇员更加高效地完成工作并承担更多职责。

尽管鼓励雇员参加培训，但必须明确培训有预算限制，预算不可能负担员工所有想要的培训，因此应将进口食品管理培训纳入多年计划。有关培训的部分说明参见支持工具与指南 4.7。

支持工具与指南 4.1　计划

所有进口食品管理需要制定计划。该计划包括计划规划（即对风险管理措施进行评估及更新）及运行规划（即为落实风险管理排出工作重点顺序）。很多国家将为已有的进口措施制定并执行规划及报告程序。以下内容将为此类国家改进相关程序提供指导。

4.1.1　计划规划：多年规划程序

如果在计划中纳入新的风险管理措施（见第 2 章），并对计划进行改进，通常需要几年的时间。在规划阶段，需要收集并分析证据、与利益相关方商议、记录修改建议并为拟议变更措施提供详细说明，以上所有工作都需要时间。

第 1 年

在系统分析及计划设计方面，通常第一年属于分析阶段。内容包括：审查已有数据、评估实施情况、确定关键差距、开始起草所需文件、联络利益相关方并进行商议。

上述工作的成果形成一个文件，列出按时间节点应实施的关键风险管理措施，如指定国家的入境前计划、边检过程和手续以及入境后管理等。该文件应明确目前已有的管控措施，找出待解决的关键问题，并给出解决问题的时间表。

第 2 年

制定阶段：通常第二年将制定计划，为外部利益相关方（即进口商）和落实任务方（如检验员、实验室以及第三方服务提供商）制定要求。针对此前发现的问题，这些文件将制定解决方案。

　　该年的成果应该是明确的计划文件，其中包括确定风险管理措施优先顺序的既定程序，参与实施的所有人员应接受充分的培训，在适当的时候可进行试点工作，还应与主要机构（如贸易伙伴、国内合作单位等）进行初步探讨，以推进合作及工作部署。本文件也应就第 1 年发现的问题提出解决方案。

　　第 3 年

　　实施阶段：通常第三年将开始计划的实施，应包括对进口商及主要贸易伙伴的联络和培训。运行计划应到位，保证按计划实施管控措施，并依照要求报告结果。报告的结果应提供计划实施的有关信息，及是否需要更多培训，从而有助于未来进一步优化计划。

　　还应制定明确的实施规章及程序文件，以防不合规情况的发生。另外，应制定国家计划协调办法以确保一致性。

　　第 4 年及后续年份

　　重新评估及重新设计：这也是计划实施正在进行的阶段。应包含对前几年计划落实情况的评估，并回答以下问题：①工作是否按预期实施？②是否取得预期成果？

　　应持续提供该计划的落实情况并报告进口商和进口食品的合规情况。

4.1.2　年度规划（运行）

　　进口管理计划需要规划和报告程序，以实现有效的资源分配和定位。需要规划和报告程序来评估该计划是否有效地满足监管要求。

　　以下内容旨在帮助各国改进其运行规划程序。一般而言，运行规划是一个基于主管部门财年的循环过程。图 7 为典型规划过程的图示，该过程通常以 18～24 个月为周期，持续进行。

　　运行规划分两个层次进行：

　　（1）集中管理部门的国家规划，旨在评估国家计划成效，确定风险管理措施的优先顺序，并确定新的目标和措施。

　　（2）运行层面（如检验、实验室等）的落实规划，明确将完成哪些任务、何时以及由谁执行等。

　　本财政年度的第 1 季度（1～3 月）：

　　（1）在运行层面将确定最终报告，进行上一财年的数据分析，并实施风险管理（即本财政年度的检查和抽样）。

　　（2）集中管理层将提供指导，回答有关当前财政年度计划（第 1 个月）的问题，并启动对上一财年数据的初步分析。

　　第 2 季度（4～6 月）：

（1）在运行层面上将提供上一季度的报告并继续执行当前年度任务。

（2）集中管理层将审查上一财年的业绩，决定是否需要在本年度重新确定优先顺序，以及进一步分析下一年的工作重点。

第3季度（7～9月）：

（1）在运行层面上将提供上一季度的报告，调整本年度内优先事项，并继续执行当前年度。

（2）集中管理层将开始制定下一财年的年度抽样计划和检验编号，以供批准。这些抽样计划应概述进行何种分析、进行多少次分析、谁来提供这项服务；检查计划应概述需检查哪些部门、货物和企业，应采取何种样本以及应对哪些场所进行管控。

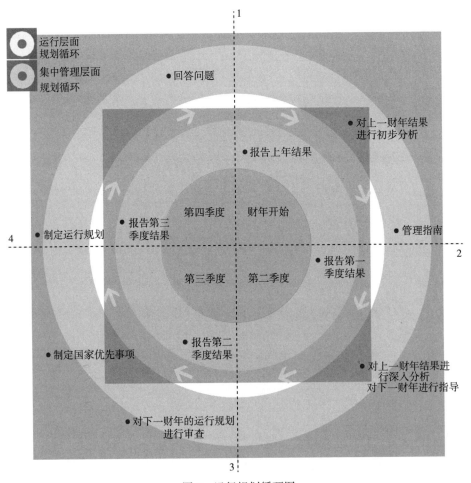

图 7　运行规划循环图

第 4 季度（10～12 月）：

（1）在运行层面将审核下一财年的抽样计划和检查工作优先顺序，并开始制定详细的实施计划（如检查和抽样的月度落实计划），同时继续执行本财年的任务。

（2）集中管理层将最终确定指导文件，并与具体落实单位合作，以确定方向、回答问题。

支持工具与指南 4.2　计划制定——进口商建议与信息

针对进口商的建议和信息应提供政策说明、基本要求和一般信息，以便他们遵照执行。以下是向进口商提供简要指导的例子。

▶ 示例

新西兰进口食品指南：www.foodsafety.govt.nz/industry/importing/guide/

澳大利亚食品检测：为进口商提供的信息 www.daff.gov.au/biosecurity/import/food/information-importers

英国食品标准局：进口商指南 www.food.gov.uk/business-industry/imports

4.2.1　许可证制度

4.2.1.1　政策说明

所有进口商都必须持有不可转让的年度进口许可证。

如申请进口许可证，请向××机构办公室提交完整的申请材料。

申请许可证即表示你同意将遵守进口许可证和监管要求，且进口食品满足所有相关的法规要求。

完整的进口许可证书申请材料必须包含以下内容：①填写完整的申请表，包括满足良好进口规范的程序（参见第 2 节）。②费用（若有）。

××机构将审核申请材料和其他信息，以确保其满足发放许可证前的所有要求。

提供虚假信息或未能满足相关监管要求可能导致暂停或撤销进口许可证。

如果你无法证明你愿意或能够遵守监管要求（包括支付费用），××机构可能会拒绝发放许可证。

4.2.2　产品采购

4.2.2.1　政策说明

进口商必须制定程序以确保进口食品符合相关法规要求。

这意味着进口商要了解进口产品的风险，并确保它们符合相关法规要求。

重点是，只从可以确保产品符合法规要求的供应商处采购产品。如果供应商不是产品的生产者，他们必须能够向进口商提供生产者的名称和地址，并且进口商必须能够验证并确认此信息的准确性。产品的供应商或生产商必须能够提供有关食品、食品配料和加工方法的准确产品信息。

4.2.3　进口产品的通知、管理、储存和识别

4.2.3.1　政策说明

所有进口商必须向海关部门以及××机构提交纸质文件或电子数据，通知其进口的货物。

▶ 附注

一般而言，海关要求进口商在进口时或进口前通知进口货物，用以评估关税的征收。进口食品管理计划必须明确确定进口通知发生在进口之前、进口时或进口后指定的一段时间内。

进口商还需要将所有进口食品通知××机构，并使用指定的表格，准确完成包含以下所有必需信息：

（1）进口商名称、许可证号和联系人。

（2）联系电子邮件、电话号码和传真号码。

（3）进口商跟踪编号与发票和进口通知一致。

（4）海关交易编号，这将验证进口产品的合法性。

（5）预计到达日期或实际到达日期，货物到达日期或货物清关日期（若货物已到达）。

（6）海关入境点。

（7）仓库名称和地址。货物待检查的仓库名称和地址。

（8）外国生产商。名称、地址和国家。

（9）产品说明（零售或外箱标签上标明的产品名称），包括每批产品：①品牌名称（如适用）；②储存条件和保质期（室温、冷冻或冷藏）；③最终用途：零售、食品服务、进一步加工；④货箱数量：货物外箱/货箱数量和单位数量，每个货物外箱中包装的单位数量和单位重量。

（10）证书编号。主管部门签发认证证书时输入的证书编号。

（11）证明。确认表格声明信息准确无误的人员姓名、签名和日期，并确认已采取所有合理措施确保产品符合监管要求。

4.2.4　产品管理和检查程序

4.2.4.1　政策说明

进口商必须将进口产品存放在进口通知中确定的存储位置，直到通知他们

进行产品检验。

经海关批准，进口食品可以转移到进口通知上标明的存储地点。进口商必须确保进口产品在自己的掌控之中，并确保存储方式可保持产品质量，防止产品受到污染。这包括在运输和存储期间适当的温度控制。进口商应保存与存储有关的记录，包括入库日期、出货日期、温度及其他环境条件。

所有与存储有关的记录必须至少保存3年。

支持工具与指南4.3　制定标准操作程序

各国必须制定标准操作程序，以提高一致性，增强对实施进口食品管理的信心。本节的工具叙述了标准操作程序的理论发展，支持工具与指南2.4已对进口食品管理标准操作程序流程图做了说明。

一般而言，程序是书面文件或说明，显示了检验员或其他官员实施计划时各种措施过程的要求。书面程序对于机构的有效运行非常重要，确保始终如一地遵循基本程序，使员工能够面对更复杂的问题或场合。尤其在员工没有指导的情况下，书面程序可以消除采取措施时的宽严程度变化。虽然在本书中使用的是术语"程序"（procedures），但也可以使用其他术语来替代，如用协议（protocols）、说明（instructions）、工作表（worksheets）和实验室操作程序（laboratory operating procedures）等。

程序应成为现行进口食品管理的一部分。从事具体工作的人均可参考当前版本（电子版或打印版）。

由于程序中往往包含了重要的工作说明，因此也可用作人员培训计划的一部分。

4.3.1　编制程序

重要的是，进口管理计划应有更加详细的程序作为补充，这些程序用于指导和协助工作人员。确定编制程序的优先顺序可以纳入规划过程。

应由专业人士来编制程序。这些人基本上是各相关领域的专家，他们实际执行工作任务或与质量管理部门合作使用该程序。程序应以简明、循序渐进、易于阅读的格式进行编制。所提供的信息应该是无歧义的，不能过于复杂。应清楚、明确地传达信息，以消除对所要求内容的任何疑问。此外，使用流程图来图解说明所叙述的过程通常非常有用。

程序的详细程度可能因程序是否关键（如果是关键程序则需要更多详细信息）、使用该程序的频率、使用该程序的人数以及对培训的有用程度而有所不同。一般情况下，程序使用的频率越高，使用程序的人数越多，保持程序前后一致和前后连贯所需的细节就越多。一个好的做法是程序应该包括足够多的细节，以便经验不多的人可以切实理解并遵循这些步骤。

许多标准操作程序使用清单和流程图来确保按顺序执行步骤，并且还可以用于记录已完成的操作。在这种情况下，重要的是要记住清单不是整个过程，而只是程序的一个子集。可在书面程序的适当部分提及清单，并把清单附在最终文件中。

4.3.2　审查与批准

程序编制完成后，应由具有专业知识或经验的其他同行审查和验证，必要时进行修改。现场测试程序草案有助于最终确定程序。

程序定稿后，将由管理负责人批准，并随时提供给工作人员参考并遵照执行。

4.3.3　更新

为确保实现预定目标，程序必须能适时应对过程的变化。因此，重要的是要定期审查程序，评估程序是否仍然相关，是否需要更新或重写。为了尽量减少工作量，应尽可能只修改程序的特定部分，标明过程的变化。这要求在文件控制区域中注明该部分的更改日期和修订号。

4.3.4　程序管理

所有程序的主清单一定要到位，主清单中要包含所有相关细节，如编号、标题、版本、签发日期、作者、状态、机构等。

应建立一个编号系统，以对应相应的程序，还应建立一个文件控制程序。通常，文件控制程序要求每个程序的页面应有控制符号，符号通常位于每页的右上角。

▶ 示例

控制符号

短标题/标识号

参考号

日期

××页的第一页

如果使用电子格式来维护程序文档，则可将电子访问限制为只读格式，从而防止不经授权即对文档进行修改的现象。

4.3.5　格式

通常每个机构会根据自身情况，编制自己的程序，因此程序的格式都会有所不同。下面讨论常用格式。

（1）书名页。每个程序的第一页或封面应包含以下信息：①清楚标明活动或程序的标题、标志（ID）号码；②签发日期和修订日期；③机构的名称；④作者的姓名或签名；⑤审批人的姓名或签名；⑥批准日期。

（2）目录。目录应方便快速查找所需信息，特别是在标准操作程序很长的情况下，并标明对标准操作程序的哪些部分进行了更改或修订。

（3）目的或目标。简要说明工作或过程的目的或目标，还可以包括范围、指出该程序所涵盖的内容以及何时应该使用该程序。

（4）职权。简要说明与此程序相关的法定或监管权力，包括确定资格如认证或培训经验等，以及确定某一特定职位或负责采取所述措施特定职位的权力。

（5）定义。定义任何专门或特有的术语或首字母缩略词。

（6）指南部分。在叙述程序之前，必须表明基本要求或注意事项。本节可包括人员资格、设备需求和安全因素。

（7）程序。如上所述，程序需要明确措辞，并应按顺序清楚地说明每个步骤。使用图表和流程图有助于说明该过程。

（8）质量保证。最后，说明该程序的质量保证和质量控制措施，并列出所有引用或重要的参考文献。

（9）附件。附上所有适当的信息。在提及其他程序或其他较短文件时，应标注这些资料并附上副本。在较长的文件后不适合附加文件，这时信息应包含在参考部分中。

支持工具与指南 4.4　抽样策略例举

本节说明了不同抽样策略背后的基本原则。这反过来又促成了年度抽样计划的制定。

4.4.1　监督与合规情况抽样策略

主管部门假定进口商按照要求采取适当的产品采购步骤，并已获得进口食品良好订单的保证（即食品均符合监管要求）。主管部门将根据上述情况制定抽样计划，确定要抽样的食品、进行何种分析、何时抽样、何地抽样以及采取何种措施应对不合规的结果等。根据该计划，抽样是综合监控措施的一部分，还包括评估进口商的业务。

每个抽样批次的结果对照监管标准进行评估，并定期（通常是每季度）对累积数据进行审查，以确定趋势和识别新发问题，并找出应对方法。

根据这一策略，抽样分为：

（1）监督抽样。以预先规定的正常抽样频率，如进口批次的 5%，对良好订单产品进行产品检验。这其中包括放宽或减少抽样，原因是对原产国的信任，如双方签署了有关协议。

（2）合规情况抽样。对于查出的不合规产品，需对来自同一生产商的后续货物或批次以更高的频率或加严检验进行抽样，通常是来自该生产商的批次或货物的 100%，直到设定批次（例如 5 次）已分析并通过。在加严或合规抽样的情况下，进口货物批次应扣留直至出结果。

（3）定向抽样。针对监督计划或其他环境扫描调查所建议的疑似问题，旨在验证可能通过环境扫描调查、国际食品安全管理机构网络或其他国际合作伙伴提供的信息或通过监督抽样来确认的趋势。它基于现有证据，通常针对目标群体，例如特定进口产品、进口商、源自某地理区域的商品或食品。

若发现不合规，抽样计划提供了指南，解决不合规问题。指南通常包括应对特定批次的方案，如重新设置条件、再出口或销毁等；还有对未来进口批次加严抽样的要求，即从正常抽样转为频率更高的抽样。指南还包括评估进口商的良好进口规范，验证进口食品是否符合监管要求等内容，还必须有从加严检验恢复到正常检验的操作程序。

4.4.2　抽样策略分类

一般将进口食品分为两类：高风险食品和监控食品。主管部门将分别针对两类食品制定不同的抽样计划。对于高风险食品，对照公布的包括微生物和污染物在内的潜在危害清单，对其以 100% 的抽检率进行检验和检测，如果来自同一生产商的一定数量（如 5 批）的货物连续通过检验，检验率可以降低（如降至 25%），在另一组数量（如 10 批）货物连续通过检验后，抽检率可进一步降低（如降至 5%）。

高风险食品在等待检测结果时，通常被扣留，即在结果公布之前它们不会被放行。不符合监管标准的货物不能出售。高风险食品必须符合标准再出口或者被销毁。若其中有些食品未能通过检测，那么对这种风险食品的后续批次货物将全部进行抽样和分析。

一般认为监控食品（即所有非高风险食品）对人类健康和安全构成低风险。可以较低的频率（如 5%）进行随机抽样和评估。抽样时应不论原产国，在所有进口商中随机抽检，分析监控食品是否符合监管要求，如农药残留、抗生素、微生物污染物、天然毒素、金属污染物和食品添加剂等。

监控食品因其风险较低，通常不会被扣留等待结果。这意味着大多数监控食品可在收到检测结果之前被分发出售。但是，如果某批次食品未通过检测，则可能需要召回这些产品。

▶ 附注

在两种类型的抽样计划中，诸如正常抽样的百分比、从加严到正常检验的几组批次数等，通常在方案设计时可以进行协调。这需要考虑进口食品概况和进口商合规历史，还要考虑检验员和分析能力，以确定适当的数字。

与高风险食品类似，如果监控食品未通过检验，则该生产商的后续批次应按100％的比例进行抽样，直至一定数量的连续批次（如5次）通过检验。在连续通过几个批次后，抽检率将恢复到5％。

抽样计划还应明确在产品不合规后，须对进口商业务进行评估，以确保其符合监管要求。

支持工具与指南 4.5   检查与抽样程序指南

支持工具与指南4.4说明了关于抽样策略和年度抽样计划的概念（例如样本数量、检查或分析类型）。本节没有包含标准操作程序中要求的所有细节，但展示了在制定抽样标准操作程序时应考虑的一些因素，并提供了指南。

检验员要求对整个批次进行检查和抽样，这需要拆箱，从集装箱内取出货物。在检查或采样过程中，不得干扰或迫使检验员加快进程，任何人不得试图阻止检验员检查整批产品。检验员应注意并汇报遇到的任何干扰，因为这些因素可能会影响检查或抽样分析的结果。

检查进口货物的物理条件和标识，验证食品与文件所述是否一致，是否抽样。

在抽样过程中，应遵循适当的抽样程序，以确保从采样到样品送达实验室时保持样品的完整性。

4.5.1   检验程序

检验员应该能够查阅并遵循检验程序。他们应该在进行批次检查之前查阅程序。

程序中的关键步骤应包括：

（1）确定将对哪些批次进行实际检查，包括验证货物地点，如在边境海关、监管仓库或进口商仓库保管，以及条件。

（2）用以确认和交叉互查实物批次信息的系统程序，信息包括进口文件中的食品、批次、型号、批号或代码等识别标记以及其他信息。

（3）验证批次的物理状态（如集装箱泄漏、水渍、物理损坏）以及进口商可采取何种补救措施（如剔除、简单加工、抛弃处理）的具体指南。

（4）标签检查程序，如标签语言、代码、批准的通用名称、配料表。

（5）记录程序：记录包括所有报告要求的检查。

（6）对该批次产品的决定：如果合规，则可放行；如果不合规，则扣留。制定对不合规产品后续跟进的要求。

4.5.2 抽样程序

抽样策略和计划将为检验员提供指导，便于检验员在检查和抽样之前查询，如细菌检验、感官检验、理化检验等。同时，还应为抽样程序提供指导，包括将结果与进口货物联系起来的样品鉴定。在抽样时，重要的是保持与批次相关的样品的完整性和连续性（从抽样品到完成检查）。

抽样程序应说明在抽样之前，样本报告中将记录哪些信息：

（1）由于保持完整性和连续性非常重要，抽样程序应确定抽样批次需要哪些信息，如海关入境编号、抽样地点、批次型号、抽样时可用的数量、批量大小以及标识号和生产代码等。

（2）由于抽样工作可由政府或非政府人员完成，因此必须包括样本采集实体（如政府、认证实验室或抽样服务机构）和个人身份。

（3）程序应确定样品的所有必需信息，如采样日期、采样方法、样品制备技术和样品量等，并应包括样品采集员对批次条件、集装箱或其他条件的任何可能影响样品完整性的评论记录。

（4）程序还应包括对可通过检查确定批次状况、且无需进行抽样的情况的指导，如已经解冻的冷冻产品、物理损坏使得产品不可食用等。

抽样程序还应建立样本信息平台：

（1）确定所要求的分析：①微生物检测，如细菌检验、商业杀菌、病毒等；②化学品，如添加剂、药物残留物、污染物、毒素等；③集装箱或包装完整性；④感官评价、净含量和包装完整性。

（2）提供所需样本数量的指导。可能需要进行更多的分析，并且必须使用样本来执行所有必需的分析。

（3）提供采样方法（即随机采样或抽取代表性样本）和实际抽样的指导。

①当对集装箱中装在大纸箱中的食品批次进行抽样时，采样人则需要进口公司工作人员将纸箱移动到适当的位置。

②当对相对易采样的食品批次抽样时，采样人应确定是否需要帮助。

（4）样品存储和运输信息，包括温度（如冷藏、冷冻）、运输时间（如最多多长时间）和接收程序（如实验室的记录要求）。

（5）实验室接收（如记录要求、样品条件验证、信息要求验证）。

（6）分析后的结果交流。

（7）分析结果报告（注意：检验协议中包含对不合规批次的跟进要求）。

（8）将样本与进口货物相连接的监管链（如所有相关人员、他们在采样和向实验室运送样品中的职责，随后的分析和报告等）。

支持工具与指南4.6　工作职责说明与人员分类

进口食品管理计划的实施需要在许多领域开展培训，提高员工的工作能力。

4.6.1　科学支持

4.6.1.1　实验室分析员

实验室分析员可在实验室中进行检测或研究，或致力于制定产品标准。工作将包括：①通过诊断和检测进行分析和科学评估；②为法规和监管标准的制定提供建议；③参加与本国政府或国际机构或国际标准制定机构的谈判。

4.6.1.2　实验室技术人员

通常由实验室分析员监督实验室技术人员的工作，并要求其提供特定领域（如化学、微生物学、毒理学）的分析。

4.6.1.3　实验室管理负责人

管理负责人负责落实分析工作。主要工作包括：

①为分析工作制定计划并指导分析报告编写工作；②协调与其他机构的工作（如监督第三方服务提供商私人实验室）。

▶ 示例

教育经历要求示例

实验室分析员：应有化学、食品微生物学、病毒学或其他相关学科的本科学历；

实验室技术人员：应有化学、食品微生物学、病毒学或其他相关学科的大专学历（技术专业）。

4.6.2　检查支持

4.6.2.1　检验员

检验员负责实施进口食品管理计划，所有工作均以风险为基础来开展，如文件检查、产品检验、进口商评估等。兽医检查员是检验员的一个类别，在进口食品管理计划中专门进行动物源进口产品的检查。

▶ 示例

教育经历要求示例

检验员：

（1）高中毕业，接受适当的技术学科培训；

（2）大专学历（技术专业）；

（3）本科学历，如食品科学、兽医学、环境卫生等。

4.6.2.2 检验管理负责人

检验管理负责人通常负责检查支持工作。主要工作包括：

①规划和报告进口食品管理措施，包括协调与其他机构的工作。

②解决问题，如应对被监管方或消费者投诉以及贸易投诉，处理违规事件等。

4.6.3 集中管理层支持

4.6.3.1 政策官员

政策官员在政策研究和项目中发挥作用，负责分析问题和监督趋势。

4.6.3.2 规划官员

规划官员负责进行国家层面的规划及其编制。他们与检验管理负责人和实验室管理负责人密切合作，制定年度检验和抽样计划并编写年度报告。

4.6.3.3 项目官员

项目官员在国家层面管理计划落实与应对情况。他们负责与贸易伙伴进行国际谈判，管理国际审查工作，并确保所有职能的连贯与稳定。

4.6.3.4 统计员

统计员同时为计划工作和科学工作提供支撑。

4.6.4 行政支持

4.6.4.1 行政和办公室工作

行政和办公室工作支持并协助科学、检查、财务和人力资源管理人员的所有专业工作和管理工作。行政服务职位的类型有：为管理负责人以及部门主任提供服务的文书职位（如归档、邮件收发、管理办公用品等）和行政协助（如安排日程、协调工作、安排会议等）。

4.6.4.2 计算机系统/信息技术（CS/IT）

计算机系统/信息技术专业人员负责规划和提供信息服务任务，并维护信息技术基础设施。

4.6.4.3 财务分析师

财务分析师负责进行财务规划、制定策略、进行分析预测并报告财务事项，还负责财务管理和管理控制系统。

4.6.4.4 人力资源工作人员

人力资源工作者负责人员配置、员工分类、薪酬、员工和劳动关系、培训和职业发展、人事政策、人力资源战略与规划。

支持工具与指南 4. 7 培训

进口食品管理要求检验员和相关工作人员了解进口食品的基本要素（如危害、风险等）、进口条件及进口食品计划。

相关工作人员特别是检验员、实验室管理负责人和项目官员，应具备食品安全风险的技术背景；并参加过行政培训，使他们了解与进口食品相关的法律和标准、自己的法定权力和职责、基本的技术和操作程序（见第 2 章和第 3 章）；职业健康与安全的培训。

进口食品管理计划的培训课程可分为若干单元课程，既可以包括基础知识（如检查、文件评估等），也可以包括更专业的培训内容（如抽样方法和技术）。培训课程、培训计划和单元课程也可由官方认可。在多个机构参与实施进口食品管控措施的情况下，开展经官方认可的培训尤其有用，因为这将提高所有参与机构落实措施的一致性。可以通过书面考试和实际操作考试正式考察培训学员对课程材料的理解。

许多机构都开展在职培训，因为这对于巩固关键知识和提高员工能力尤其有效。如果见习检验员或其他官员正在接受职业培训，应对他们进行适当监督，并正式评估他们的表现。这种方法可以使见习人员在掌握了主题材料后，取得进步。

开展培训后还应监测绩效，并将结果纳入绩效管理，以确定是否需要进一步培训。

入门级进口食品单元课程应涵盖以下主题：

（1）食品安全简介。包括主要危害和风险。

（2）基本食品卫生和食品生产实践。良好卫生操作规范（GHP）、良好农业规范（GAP）、良好加工操作规范（GMP）等。

（3）食品进口。产地国家情况（按风险、成分、国家分类等）。

（4）进口食品管理计划的背景，例如历史、相关机构。

（5）进口食品管理法律法规，包括政府部门和其他主要利益相关方的职能和责任、标准和要求。

（6）入境前、边境检查、入境后的风险管理措施，包括工作程序介绍如文件检查、外观检验、标签检验、抽样和实验室分析，及检查决策如对不合规进口食品的处理决定，如修复、销毁或再出口。

（7）进口信息管理。报告、系统和操作。

词汇表
VOCABULARY

对于本手册中重复出现词汇的具体含义和用法，现总结如下：

权力： 主管部门或官员实施特定风险管理措施的法定或监管权力。

认证： 官方认证机构和官方认可的机构提供的书面保证或具有同等效力的保证，保证食品或食品控制系统符合要求。食品认证可酌情基于一系列检验措施完成，这些措施包括连续在线检验、质量保证体系审核和成品检验。证书可以是纸质版或电子版的。

主管部门： 负责进口食品管理（涵盖法律规定的食品安全和质量问题）的政府机构或其他机构。

管控措施或进口食品管控措施： 主管部门为确保进口食品合规而采取的措施。实施管控措施，即实施完整的风险管理措施以确保进口食品满足进口国要求。入境前、边境和入境后是实施这些措施的地点。

拆装： 从集装箱中取出所有货物，也称为卸货或转出集装箱。

谨慎义务： 对个人施加的法律义务。在进口食品管理的情况下，进口商负有确保进口食品安全的主要责任，即产生谨慎义务。

进口商： 负责在进口国销售和分销食品的食品企业（如承销商、登记在册的进口商），其进口食品包括食品和用于进一步加工的食品配料。

机构： 负责食品、食品安全和质量的政府机构或其他机构（如动物卫生和福利）。

进口通知： 当食品到达进口国时，或在抵达后 48 小时内，向主管部门提供有关进口食品的信息。

预清关： 政府规定的程序，在货物到达边境之前将产品验证信息（如抽样程序细节、分析结果）提供给进口国。进口食品管理规定了所需的信息以及由谁（即出口国、独立认可的第三方或进口商）负责提供信息。主管部门在发货前即作出是否接收的决定，从而最大限度地减少易腐产品的腐烂。但是，既有程序之外的实验室结果不应用作决策参考，因为该信息无法得到验证。

预先通知： 在食品到达进口国之前，向主管部门提供有关进口食品的信息。

谨慎标准：理性人为履行其谨慎义务应采取的行动。一般而言，谨慎标准是进口商必须满足的法律规定要求，例如，禁止进口不符合生产或加工标准的食品，或要求进口商实施良好进口规范，或要求进口强制性认证如进口许可证或批文。

超国家或区域机构：具有超越国界或国家政府权力或影响力的组织。

风险评估：基于科学的过程，风险评估由下列步骤构成：

（1）危害识别；（2）危害特征描述；（3）暴露评估；（4）风险特征描述。

转运：进口到一个国家的无需进一步加工的食品，在适当条件下储存并出口到第三国。

过境：运往一个国家的食品可能必须过境或在运输过程中经过另一个国家（如运往俄罗斯的产品，可能在欧盟成员国过境），尽管过境国从未进口或出售这些食品。过境国可以制定具体要求，通常涉及动物卫生或植物保护，并可能需要过境证书。

图书在版编目（CIP）数据

进口食品风险管理手册／联合国粮食及农业组织编著；赵文佳，谭茜园译．—北京：中国农业出版社，2019.12

（FAO中文出版计划项目丛书）
ISBN 978-7-109-26350-5

Ⅰ.①进…　Ⅱ.①联…②赵…③谭…　Ⅲ.①进口商品－食品安全－手册　Ⅳ.①TS201.6-62

中国版本图书馆 CIP 数据核字（2019）第 289337 号

著作权合同登记号：图字 01-2018-4702 号

中国农业出版社出版

地址：北京市朝阳区麦子店街 18 号楼
邮编：100125
责任编辑：郑　君
版式设计：王　晨　　责任校对：吴丽婷
印刷：北京中兴印刷有限公司
版次：2019 年 12 月第 1 版
印次：2019 年 12 月北京第 1 次印刷
发行：新华书店北京发行所
开本：700mm×1000mm　1/16
印张：8
字数：180 千字
定价：59.00 元